高职化工类
模块化系列教材

化工类专业顶岗实习指导书

刘德志　主编
孙士铸　刘志刚　副主编

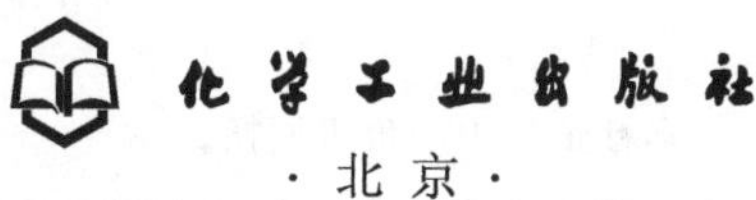

·北京·

内容简介

本教材结合化工企业生产特点与实习岗位对知识和技能的需要，依据化工企业顶岗实习工作流程设置了6个模块，分别为顶岗实习须知、化工顶岗实习记录、顶岗实习周记、顶岗实习月度考核、顶岗实习专业能力成长记录、实习总结与考核评价等，每个模块又结合实习特点设计了相应工作任务，明确了实习任务要求，为化工类专业顶岗实习提供了指引。本书可作为化工类专业学生顶岗实习的记录材料，也可供相关教研人员参考。

图书在版编目（CIP）数据

化工类专业顶岗实习指导书/刘德志主编；孙士铸，刘志刚副主编. —北京：化学工业出版社，2021.11（2022.8重印）

ISBN 978-7-122-39878-9

Ⅰ.①化… Ⅱ.①刘… ②孙… ③刘… Ⅲ.①化学工业-教育实习-高等职业教育-教学参考资料 Ⅳ.①TQ-45

中国版本图书馆CIP数据核字（2021）第184307号

责任编辑：张双进 提 岩　　文字编辑：王 芳

责任校对：李雨晴　　装帧设计：王晓宇

出版发行：化学工业出版社（北京市东城区青年湖南街13号 邮政编码100011）

印 装：北京建宏印刷有限公司

787mm×1092mm 1/16 印张12½ 字数295千字 2022年8月北京第1版第2次印刷

购书咨询：010-64518888　　售后服务：010-64518899

网 址：http://www.cip.com.cn

凡购买本书，如有缺损质量问题，本社销售中心负责调换。

定 价：39.00元

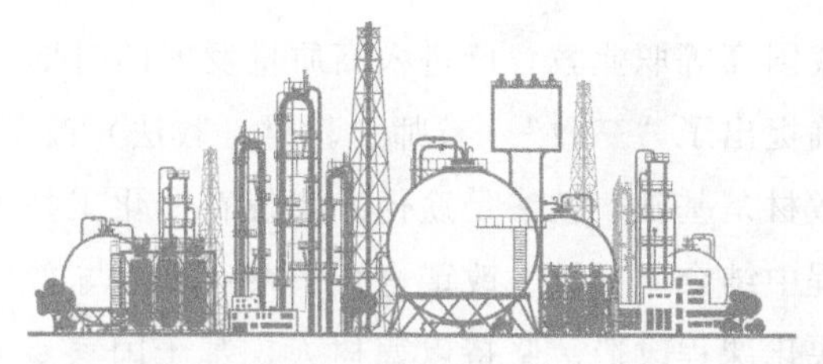

高职化工类高职模块化系列教材

编审委员会名单

序

目前，我国高等职业教育已进入高质量发展的时期，《国家职业教育改革实施方案》明确提出了“三教”（教师、教材、教法）改革的任务。三者之间，教师是根本，教材是基础，教法是途径。我校石油化工技术专业群在实施“双高”计划建设过程中结合“三教”改革进行了系列思考与实践。

开展模块化课程改造。坚持以德树人，基于国家专业教学标准和职业标准，围绕提升教学质量和师资综合能力，以学生综合职业能力提升、职业岗位胜任力培养为前提，持续提高学生可持续发展和全面发展能力。将德国化工工艺员职业标准进行校本化落地，根据职业岗位工作过程的特征和要求整合课程要素，专业群公共课与专业课程相融合，系统设计课程内容和编排知识点与技能点的组合方式，形成职业通识教育课程、职业岗位基础课程、职业岗位课程、职业岗位（1＋X）证书课程、职业素质与拓展课程、职业岗位实习课程等融理论教学与实践教学于一体的模块化课程体系。

开发模块化系列教材。结合企业岗位工作过程，在教材内容上突出应用性与实践性，围绕职业能力要求重构知识点与技能点，关注技术发展带来的学习内容与方式的变化；结合国家职业教育专业教学资源库建设，不断完善教材形态，对经典的纸质教材，通过配套数字化教学资源，形成“纸质教材＋多媒体平台”的新形态一体化教材体系；开展以在线开放课程为代表的数字课程建设，不断满足“互联网＋职业教育”的新需求。

实施理实一体化教学。组建结构化课程教学师资团队，以“学以致用”为课堂教学的起点，以理实一体化实训场所为主，广泛采用案例教学、现场教学、项目教学、讨论式教学等行动导向教学法，教师通过知识传授与技能培养，在真实或仿真的环境中进行教学，引导学生将有用的信息和技能通过反复模仿、练习、实践，实现“做中学、学中做、边做边学、边学边做”，学生从而将最新的、最能满足企业需要的知识、能力和素养吸收、固化成为自己的学习所得，内化于心、外化于行。

本次化工类高职模块化系列教材的开发，由职教专家、企业一线技术人员、专业教师组成教材开发委员会，组建教材编写组，实施主编负责制，结合化工行业企业工作岗位的职责与操作规范要求，重新梳理知识点与技能点，把职业岗位工作过程与教学内容进行模块化设计，将课程内容按能力、知识和素质，编排为合理的课程模块。

本系列教材的编写特点在于以学生职业能力发展为主线，系统规划了不同阶段化工类专业培养对学生的知识与技能、过程与方法、情感态度与价值观等方面的要求，体现了专业教学内容与岗位资格相适应、教学要求与学习兴趣培养相结合，基于实训教学条件建设将理论教学与实践操作真正融合。教材体现了学思结合、知行合一、因材施教，授课教师在完成基本教学要求的情况下，可以结合实际增加授课内容的深度和广度。

本系列教材的内容，符合学生的认知特点和个性发展，可以满足化工类专业学生不同学段教学需要。在教材开发过程中，由于水平有限，不适之处敬请批评指正。

高职化工类模块化系列教材编委会

前言

2016 年，教育部与财政部、人力资源社会保障部、安全监管总局、中国保监会联合印发了《教育部等五部门关于印发〈职业学校学生实习管理规定〉的通知》(教职成〔2016〕3 号)，并相继发布了部分职业学校专业（类）顶岗实习标准。明确了顶岗实习是指职业学校按照专业培养目标要求和教学计划安排，组织在校学生到企（事）业等用人单位的实际工作岗位进行的实习。

学生通过深入生产一线的诸多岗位从事生产性劳动，可以在真实的企业环境增强现场工作能力，掌握本专业相关知识，提高专业技能，积累工作经验；学习企业员工的爱岗敬业、吃苦耐劳的精神；学习严肃认真的工作态度以及诚实、守时的品质。

本指导书以岗位工作任务流程为主线，着重过程性评价，以学生的职业能力发展为本位进行了整体设计。依据对职业岗位群的责任、任务、工作流程分析，通过顶岗实习须知、实习记录、实习周记、月度考核、专业能力成长记录、实习考核评价等六个部分的实践记录和归纳总结，引导学生从感性认识到理性认知，从知识学习到技能形成，贯穿安全环保意识、职业核心能力训练等职业素质培养。

本教材经过多年的校内应用已收到了满意的教学效果，受到了实习企业的高度认可和评价。根据实习企业的建议及实际使用效果，编者又对教材内容和形式再次进行了论证、修改和完善，并予以出版。本教材可作为高等职业院校化工类及相关专业的顶岗实习指导教材，希望能够对高职院校化工类专业的实践教学改革有所助益。

本书由刘德志担任主编，孙士铸、刘志刚担任副主编，模块一由刘德志设计编写，模块二由张新锋设计编写，模块三由孙士铸设计编写，模块四由刘志刚设计编写，模块五、模块六及附录由刘岗设计编写，全书由刘德志统稿。

本书的编写得到了化学工业出版社的大力支持，山东潍坊润丰化工股份有限公司孙国冉、东营华泰化工集团有限公司陈洪祥两位高级工程师对本书也提供了帮助，在此，向他们表示衷心的感谢。

由于编者水平有限，书中不妥之处，敬请读者批评指正。

编者

2020 年 12 月

目录

目录

顶岗实习学生登记表

姓 名		性 别		照片（1寸）
学 号		身体情况		
专业班级		辅导员（班主任）		
身份证号		政治面貌		
移动电话		E-Mail		
QQ 号		微信		
家庭地址				
家庭电话		紧急联系方式		
实习单位				
实习期	年 月 日起 年 月 日止			
工作岗位		企业指导教师		
实习单位				
实习期	年 月 日起 年 月 日止			
工作岗位		企业指导教师		
校内指导教师				
备注				

模块一 顶岗实习须知

顶岗实习是指学生到企业的具体工作岗位上进行专业理论学习和技能实训，是学校常规教学的一部分，是以企业岗位生产的形式进行的实训教学。顶岗实习有利于对高职高专学生进行职业素质方面的强化训练，使学生提前了解社会，增强岗位意识和岗位责任感，最大限度提高其综合素养。

实习过程中组建顶岗实习管理体系，利用微信、QQ、移动APP等多种手段实施顶岗实习的实时管理和监控，建立校内辅导员和指导教师、企业指导教师与校内指导教师、企业班组和学生实习小组、学校与学生家长的沟通机制，进行协调分工管理，借助信息化技术确保校企双方和学生家长实习管理的无缝对接。通过明确责任、加强管理，确保实习的质量和实习的安全。

所以在顶岗实习前，学生必须了解顶岗实习的目的和意义，掌握顶岗实习内容（准备什么、注意什么、学习什么、学会什么），熟知评价的标准和评价过程与方式。明确实习地点、实习时间和实习指导教师。由指导教师负责指导学生制订实习计划，组织安排安全教育和签订顶岗实习协议书。

按照上述思路，学生顶岗实习期间必须携带本实习指导书，注入熟悉顶岗实习须知的要求，并按实习进度如实记录实习内容。

指导书填写要求与注意事项：

（1）顶岗实习学生登记表、学生顶岗实习计划按照实际情况填写，实习企业与所学专业必须是相同或相近的，需要签字的地方必须签字。

（2）校内安全教育记录、顶岗实习协议书内容填写完整，相关方签字盖章。

（3）化工顶岗实习记录填写要求：

① 实习企业概况；岗位名称为与相关专业相同或相近的工作岗位。本岗位在生产流程中的作用论述结合企业实际。

② 岗位生产原理、岗位工艺流程为与工作岗位相关工段的生产原理和流程。分析岗位内容填写分析室内的工作流程与分析原理。

③ 设备布置、所用原料、物料配比、工艺条件、控制指标等按照生产实际填写。

④ 岗位操作、岗位安全部分的内容按照企业相应岗位职责要求填写。

（4）学生顶岗实习周记要求每周一次，从到企业实习之日起至实习结束。所有内容必须按照要求填写完整。企业指导教师意见必须翔实、符合实际并签字，禁止应付了事。

（5）顶岗实习月度考勤考核表、专业能力成长记录按照要求填写，指导教师及时进行批阅并签署意见。

（6）实习考核表按照要求填写，并签字。自我总结要认真对待、言之有物。实习企业鉴定由企业指导教师结合实习实际情况打分并给出意见、签名和盖章。学校指导教师结合平时表现、实习周记、成长记录完成情况进行成绩评定。

（7）实习答辩申请书按照实际填写，相关方签字盖章。答辩记录表由答辩小组结合答辩过程填写。

（8）顶岗实习结束，配合学校完成问卷调查并上交。

注意：

一律用钢笔或中性笔书写（即黑色水笔，不得使用圆珠笔和其他彩色笔，画图除外），要求书写认真、字迹工整、不得潦草、填写规范，独立完成！

（1）企业指导老师必须是学生实习的指导师傅，也就是最了解实习学生工作表现的人。结合实习进度，及时进行实习记录和总结，并按照要求请企业指导教师签署评价意见。

（2）工作单位必须与企业盖章的名称一致。如果在AA企业的BB部门工作，盖的章必须是AA企业BB部门的章，或者是AA企业的公章或人力资源部门公章。

（3）如果企业外派，或者抽调到另一个岗位，一定要事先通知校内指导教师。

（4）在工作中，尽量向师傅请教工作中有什么不足和要改进的地方，结合实习情况撰写周记、专业能力成长记录以及实习鉴定表。

（5）有下列行为之一者，其实习成绩评定为不合格。

① 实习期间严重违反实习单位规定，被实习单位辞退者；

② 请假累计超过实习时间十分之一者；

③ 未经批准擅自离开实习单位一周以上者；

④ 未经批准利用顶岗实习机会擅自离岗，自行联系工作单位者；

⑤ 因违反有关规定给学院和实习单位造成严重后果者。

项目一　化工顶岗实习课程标准

（适用化工类各专业）

一、顶岗实习目的

顶岗实习是校企合作的具体体现，是工学结合人才培养模式的重要组成部分，还是拓宽就业渠道的重要途径。

三年制化工专业学生在学习完专业课程之后，为获得对化工生产岗位的感性认识，更好地使理论和生产实践相结合，为适应社会需求打下良好的实践基础，要求到化工生产车间进行为期不超过六个月的顶岗实习。

二、课程目标

顶岗实习过程要求了解掌握所在实习岗位的化工生产工艺流程、工艺控制指标、操作原理、典型化工设备的结构与性能，培养化工生产操作技能，掌握化工生产开停车操作、运行操作，能对生产过程中的异常现象、生产事故做出正确判断，并进行相应的处理；通过顶岗实习，培养吃苦耐劳、团结合作的精神品质和正确的处事原则；树立正确的企业工作理念，引入企业文化，采用具体方法解决顶岗实习中存在的一系列问题；进一步增强学生实际操作能力、专业应用能力和岗位适应能力，并取得用人单位正式聘用。

1. 能力目标

（1）严格正确地执行各项规章制度，在师傅的指导下，能按照工艺操作规程和岗位操作法进行所在岗位的正确操作和开停车。

（2）能及时发现所在岗位的不正常现象和一般事故，并能在师傅的指导下正确处理。

（3）正确进行交接班，熟知交接班的程序和内容。

（4）按要求定时、定点、定路线进行岗位巡回检查。

（5）掌握岗位原始记录的内容和要求，准确做好岗位的原始记录。

（6）能够绘制所在岗位带控制点的工艺流程图。

（7）能进行所在岗位机械设备的一般维护和保养，正确使用仪表。

（8）能正确使用岗位的劳动保护用具、消防器具和安全装置，会进行人身事故的急救。

（9）能够按照安全标准化要求进行危险危害因素的辨识，具有一般安全隐患的排查和处理能力。

2. 素质目标

（1）培养以爱岗敬业和诚信为重点的良好的职业道德，熟悉企业的一系列考核、安全、保密等规章制度及员工日常行为规范，养成遵规守纪的习惯。

（2）培养良好的企业素质，接受企业文化的熏陶，具备质量意识、安全意识、管理意识、合作意识、竞争意识等工程素质。

（3）培养学生职业岗位技能，提高学生的实际工作能力和就业竞争能力。

3. 知识目标

（1）熟悉所在岗位的工艺流程，掌握所在岗位的任务和生产原理。

（2）掌握所在岗位原料、半成品、成品的物理化学性质、规格及用途，成品的技术经济指标。

（3）熟悉所在岗位的机械设备、管道阀门以及各种仪表的一般构造、性能、使用及维护知识。

（4）理解所在岗位操作指标的控制范围，掌握所在岗位正常操作要点、系统开停车程序和注意事项。

（5）熟悉所在岗位不正常现象和事故产生的原因以及预防处理知识。

（6）掌握防火、防爆、防毒知识，熟悉安全技术规程，掌握有关的产品质量标准及环境保护方面的知识。

三、顶岗实习内容

（一）掌握所在岗位的化工装置操作规程和岗位操作法

1. 化工装置操作规程

操作规程是化工装置生产管理的基本法规。为使一套化工装置能够顺利开车，正常运行，以及安全地生产出符合质量标准的产品，且产量又能达到设计的规模，操作人员必须非常清楚操作规程。操作规程是指导生产、组织生产、管理生产的基本法规，是全装置生产、管理人员借以搞好生产的基本依据。

操作规程是一个装置生产、管理、安全工作的经验总结。每个操作人员及生产管理人员，都必须学好操作规程，了解装置全貌以及装置内各岗位构成，了解本岗位在整个装置中的作用，从而严格地执行操作规程，按操作规程办事，强化管理、精心操作，安全、稳定、长周期、满负荷、优质地完成生产任务。

操作规程的内容包括：

(1) 有关装置及产品基本情况的说明。如装置的生产能力，产品的名称、物理化学性质、质量标准以及它的主要用途；本装置和外部公用辅助装置的联系，包括原料、辅助原料的来源，水、电、汽的供给，以及产品去向等。

(2) 岗位的设置、设备组成及主要操作程序。如岗位的管辖范围、职责和岗位分工；每个岗位包括哪几个设备；设备是如何操作的等等。

(3) 工艺技术方面的主要内容。如原料及辅助物料的性质及规格；反应机理及化学反应方程式；流程、工艺流程图及设备一览表；工艺控制指标：反应温度、反应压力、配料比、停留时间、回流比等等；每吨产品的物耗及能耗等。

(4) 环境保护方面的内容。列出“三废”的排放点及排放量以及其组成；介绍“三废”处理措施，列出“三废”处理一览表。

(5) 安全生产原则及安全注意事项。应结合装置特点列出本装置安全生产有关规定、安全技术有关知识、安全生产注意事项等。对有毒有害装置及易燃易爆装置更应详细地列出有关安全及工业卫生方面的内容。

(6) 产品包装、运输及储存方面的规定。列出包装容器的规格、重量；包装、运输方式；产品储存中有关注意事项；批量采样的有关规定等。

2. 岗位操作法

岗位操作法是每个岗位操作工人进行生产操作的依据及指南。一套化工装置要实现正常运行，除了需要一个科学、先进的操作规程以外，还必须有一整套岗位操作法来实施和贯彻操作规程中所列的开停车程序，进行细化并具体到每个岗位如何互相配合、互有分工地将全装置启动起来，以及在生产需要和非正常情况出现时，将全装置正确地停止运行。

每个操作人员在走上生产岗位之前都要经过岗位操作法的学习及考试，只有熟悉岗位操作法，并能用操作法中的有关内容来指导实施正常生产操作的人员，经过考核合格才能走上操作岗位。

岗位操作法也是新工人进行教育培训的基础教材内容。一般新工人进厂，除了要进行化工知识的一般讲座培训外，必须组织学习操作规程及岗位操作法，使他们对化工生产的了解由抽象转为具体。

岗位操作法一般应包括的内容：

(1) 本岗位的基本任务。如原料准备岗位，每班要准备哪几种原料，它的数量、质量指标、温度、压力等；准备好的原料送往什么岗位，每班送几次，每次送几吨。本岗位与前、后岗位是怎么分工合作的，特别是必须明确岗位之间的交接点，不能产生“两不管”的情况。

（2）工艺流程概述。说明本岗位的工艺流程及起止点，并列出工艺流程简图。

（3）所用设备。应列出本岗位生产操作所使用的所有设备、仪表，标明其数量、型号、规格、材质、重量等。可以用设备一览表的形式表示。

（4）操作程序及步骤。列出本岗位如何开工及停车的具体操作步骤及操作要领。如先开哪个管线及阀门；是先加料还是先升温，加料及升温具体操作步骤，要加多少料？温度升到多少度？都要详细列出，特别是空车开工及倒空物料做抢修准备的停工。

（5）生产工艺指标。如反应温度、操作压力、投料量、配料比、反应时间、反应空间速度等。凡是由车间下达本岗位的工艺控制指标，应一个不漏地全部列出。

（6）仪表使用规程。列出仪表的启动程序及有关规定。

（7）异常情况及其处理。列出本岗位通常发生的异常情况有哪几种，发生这些异常状况的原因分析，以及采用什么处理措施来解决上述的异常状况。措施要具体化，要有可操作性。

（8）巡回检查制度及交接班制度。应标明本岗位的巡回检查路线及其起止点，必要时以简图列出；列出巡回检查的各个点、检查次数、检查要求等。交接班制度应列出交接班时间、交接班地点、交接内容、交接要求及交接班注意事项等。

（9）安全生产守则。应结合装置及岗位特点列出本岗位安全工作的有关规定及注意事项。如有的岗位不能穿带钉子的鞋上岗，有的岗位需戴橡皮围裙及橡皮手套进行操作等。

（10）操作人员守则。应从生产管理角度对岗位人员提出一些要求及规定。如上岗不能抽烟，必须按规定着装等，以及提高岗位人员素质，实现文明生产的一些内容及条款。

（二）掌握所在岗位的开车准备

1. 能完成工艺文件准备

主要包括以下内容：

（1）掌握带控制点工艺流程图（PID）中控制点符号的含义，能识读并绘制带控制点工艺流程图；

（2）掌握设备结构图绘制方法，能绘制主要设备结构简图；

（3）掌握工艺管道轴测图绘图知识，能识读工艺配管图；

（4）具备工艺技术规程知识，能识记工艺技术规程。

2. 能完成设备检查

主要包括以下内容：

（1）具备压力容器操作知识，能完成所在岗位的设备查漏、置换操作；

（2）掌握仪表联锁、报警基本原理，能确认所在岗位电气、仪表是否正常；

（3）具备联锁设定值、安全阀设定值、校验值，安全阀校验周期知识，能检查确认安全阀、爆破膜等安全附件是否处于备用状态。

3. 能完成物料准备

掌握所在岗位原料、辅助物料的物理化学性质知识及规格，能将本岗位原料、辅助物料引进到界区。

（三）掌握所在岗位的总控操作

1. 掌握开车操作

主要包括以下内容：

（1）熟悉所在岗位的开车操作步骤及注意事项，能按操作规程进行开车操作；

（2）掌握工艺参数调节方法，能将各工艺参数调节至正常指标范围；

（3）具备物料配方计算知识，能进行投料配比计算。

2. 掌握运行操作

包括以下内容：

（1）掌握生产控制参数的调节方法，能操作总控仪表、计算机控制系统对本岗位的全部工艺参数进行跟踪监控和调节，并能指挥进行参数调节；

（2）具备中控分析基本知识，能根据中控分析结果和质量要求调整本岗位的操作；

（3）具备物料衡算知识，能进行物料衡算。

3. 掌握停车操作

包括以下内容：

（1）掌握所在岗位的停车操作步骤和注意事项，能按操作规程进行停车操作；

（2）熟悉“三废”排放点和“三废”处理要求，能完成所在岗位介质的排空、置换操作；

（3）能完成所在岗位机、泵、管线、容器等设备的清洗、排空操作；

（4）熟悉岗位停车要求，能确认所在岗位阀门处于停车时的开闭状态。

（四）学会化工生产事故判断与处理

1. 化工生产异常情况的判断

主要包括以下内容：

（1）能判断物料中断事故；

（2）能判断跑料、串料等工艺事故；

（3）能判断停水、停电、停气、停汽等突发事故；

（4）熟悉设备运行参数，能判断常见的设备、仪表故障；

（5）熟悉产品质量标准，能根据产品质量标准判断产品质量事故。

2. 化工生产事故的处理

主要包括以下内容：

（1）掌握设备温度、压力、液位、流量异常的处理方法，能处理温度、压力、液位、流量异常等故障；

（2）掌握物料中断事故处理方法，能处理物料中断事故；

（3）掌握跑料、串料事故处理方法，能处理跑料、串料等工艺事故；

（4）掌握停水、停电、停气、停汽等突发事故的处理方法，能处理停水、停电、停气、停汽等突发事故；

（5）掌握产品质量事故的处理方法，能处理产品质量事故；

（6）具备事故信号知识，会发相应的事故信号。

（五）掌握所在岗位的典型化工设备设计计算

根据顶岗实习所在岗位情况，选择典型化工设备进行设计计算和选型。如反应设备（均相反应器、气液相反应器、气固相反应器等）、分离设备（填料塔、板式塔等）、流体输送设备（离心泵、往复泵、风机等）、换热设备（列管换热器、板翅式换热器等）、干燥设备（厢式干燥器、流化床干燥器等）等。并将计算结果与实际生产设备进行比较，如果不一致，分析其原因。通过设计计算，可进一步消化和吸收所学的理论知识，并将理论知识和实际生产紧密结合。

（六）养成自觉遵守劳动纪律和安全文明生产的良好习惯

化工生产具有高温、易燃、易爆、易中毒、腐蚀性强、连续性强和自动化程度高的特点，因而与其他行业相比有较大的危险性。在实习过程中，只有严格执行有关安全规定，才能实现安全生产，达到优质、稳产、低消耗的目的，否则就会酿成事故。通过本次学习，学生能够充分认识化工生产的特点，牢记贯彻操作规程和安全技术规程的重要性，能严格进行交接班，严格进行巡回检查，严格控制工艺指标，贯彻安全生产制度，养成自觉遵守劳动纪律和安全文明生产的良好习惯。在以后的工作过程中，始终遵守“生产必须安全”的原则。

四、顶岗实习纪律

为了保证生产以及人身安全，圆满完成本次顶岗实习任务，特提出如下要求：

（1）遵守厂方劳动纪律，服从厂方安排。

（2）严格遵守《化工企业安全生产禁令》，未经许可不得开关阀门、按钮等。

（3）遵守作息时间，实习期间不迟到，不早退，不缺席。

（4）尊重工人师傅、听从师傅安排，要求勤看、勤问、勤记。

（5）实习期间保持良好形象，不做有损于学校形象的事情。

五、顶岗实习要求

（1）所有学生必须与顶岗实习企业签订顶岗实习协议，企业必须加盖公章，学生与家长签字。合同在学生正式实习前交班主任（辅导员）。否则不予同意实习，后果自负。

（2）所有学生必须按照顶岗实习指导书要求的内容进行填写。并由指导教师签写实习鉴定意见。

（3）实习时间不能少于 6 个月（以实习单位接收函起止日期计算），擅离岗位未经学院同意者，按实习不合格处理。

（4）无正当理由不得自行离开实习单位。若由于顶岗实习单位单方面原因，必须上报校内指导教师和学院，由指导教师与顶岗实习单位联系证实后，方可办理相关的离岗手续，并调换到新的顶岗实习单位，不允许先离岗后报告。

（5）到岗后第二天报告校内指导教师；第一周内将企业的公休日时间或学生的换休时间告知指导老师，以便指导教师抽查指导；至少每周一次通过电话、QQ、短信、网上留言等多种方式与校内指导教师保持联系。通过微信、移动 APP 等多种手段进行顶岗实习信息的预警，实现实时监控和管理。

（6）遵守国家法律法规，不得参与一切违法犯罪活动。

（7）遵守实习单位的各种规章制度及安全生产管理制度，服从实习单位的生产安排，虚心学习，吃苦耐劳，团结协作，克服困难，完成各项实习任务。

（8）按时、准确、客观、完整地填写学生顶岗实习相应内容，完成顶岗实习任务。

（9）遵守学院的各项规章制度，关注学院网页，及时了解和掌握学院及专业的相关要求，确保实习圆满完成。

(10) 实习学生必须在规定时间内将顶岗实习记录等相关资料上交到学院，以作为顶岗实习成绩考核依据之一。如不按时按量上交者，后果自负。

违反上述要求之一的学生，其实习成绩记为不合格。

六、顶岗实习单位与指导教师安排

(一) 顶岗实习安排

(1) 采取以学院安排为主、学生个人联系为辅的形式确定实习单位。个人联系实习单位须由本人提出申请，并经学院批准后按规定办理相关手续。

(2) 实习岗位为与本专业对口或者其业务性质与专业相关的企事业单位相应岗位。

(3) 顶岗实习由学校、企业、学生三方共同参与，校企共同管理，企业居于主导地位。由学院和实习单位分别指派指导教师负责学生顶岗实习指导工作。实习单位指导教师主要负责学生实习岗位业务指导与考核；学院指导教师负责跟踪学生实习过程，指导并审阅学生顶岗实习报告，评定学生顶岗实习成绩等工作。

(4) 对有课程补考的学生，原则上在课程补考通过后安排顶岗实习。确因特殊原因需安排顶岗实习的，必须在学校规定补考时间内返校考试。

(5) 采取两级管理制度。

① 指导教师定期检查指导。安排专门人员通过电话、网络在线等各种方式对顶岗实习学生进行定期检查，了解情况，解决问题。

② 班组自我管理。学生顶岗实习期间，须成立实习小组，并选任组长，组长负责管理实习日常事务，并定期向指导教师、辅导员和企业相关人员汇报本小组实习、生活和思想情况，如发生突发事件要在第一时间向辅导员和企业相关人员报告。

(二) 校内指导教师职责

(1) 根据顶岗实习的工作安排，协助班主任（辅导员）与企业主管或企业指导人员，进行学生管理和实习过程的指导。

(2) 按照实习企业和学校的要求，及时了解学生顶岗实习工作情况和思想工作，注重对学生实际技能的训练和爱岗敬业职业道德培养，做好企业、学校及学生之间的桥梁作用。

(3) 配合实习单位组织顶岗实习学生进行岗前培训，制订实习计划。负责对学生进行安全、职业道德教育与管理，采取多种方式定期巡查指导（每生每月至少 2 次），并做好巡查指导记录。

(4) 负责与顶岗实习单位有关人员联系和协商，配合实习单位有关人员填写实习指导书中的学生周记、月度考勤表、能力成长记录等鉴定意见，并给出实习成绩和盖章。

(5) 协助班主任（辅导员）处理学生在顶岗实习中存在的各种问题；学生违纪情况的及时通报和处理确认。并将处理结果返回学校。

(6) 督促顶岗实习生认真完成《学生顶岗实习指导书》中的各项任务，认真指导学生填写顶岗实习周记、考核表、鉴定表等，指导学生做好顶岗实习总结。实习结束后，做好学生成绩的考核评定工作，及时收集和上交有关实习资料。

(7) 在实习单位配合下评定实习成绩。客观、公正地对每位学生完成实习任务情况进行全面考核，做出书面鉴定意见，评定学生成绩，顶岗实习结束后将实习指导书上交学校。

(8) 负责传达学校的有关规定和精神，密切注意学生动向，及时向学校有关部门反馈信息。

(9) 协助班主任（辅导员）做好学生顶岗实习期间心理调试。

(10) 协助做好应急预案的处理及学生家长的联络。

(11) 完成学校和有关部门安排的其他工作。

（三）企业指导教师职责

(1) 配合学校指导教师共同做好顶岗实习学生的思想、工作、生活等方面的指导和监管工作。

(2) 与学校指导教师保持联系，全面、及时地向校方反馈实习学生的实习情况。如遇突发事件第一时间通知校方。

(3) 关心实习学生的日常生活，注重对实习学生的思想疏导，及时制止学生的不良行为，帮助实习学生解决实际困难。

(4) 悉心对实习学生进行专业技能和职业道德的指导，做好实习学生在遵章守纪、诚实守信、爱岗敬业、安全生产等方面的教育和引导工作。

(5) 认真填写实习指导书中的学生周记、月度考勤表、能力成长记录等鉴定意见，并给出实习成绩。

(6) 及时处理安全生产方面存在的隐患，保证安全进行生产。

(7) 重视实习单位对实习学生工作情况的意见和建议，切实做好顶岗实习学生与实习单位的沟通协调工作。

(8) 顶岗实习结束，协助学校做好学生实习成绩考核鉴定工作。

七、顶岗实习记录与总结

顶岗实习期间必须完成顶岗实习岗位记录、实习周记、专业能力成长记录、实习鉴定总结，学生须按计划规定的时间及要求按时完成实习任务和上交实习资料。否则因此造成实习成绩不合格者，责任自负。

实训岗位记录主要包括：

(1) 企业概况。

(2) 绘制所在岗位带控制点工艺流程图、设备布置图。

(3) 编制所在岗位的生产操作规程和岗位操作法。

(4) 列出所在岗位生产设备一览表（包括编号，名称，规格，材料，数量等）。

(5) 整理出所在岗位生产装置的开车准备内容、开停车操作内容、运行操作内容。

(6) 列举所在岗位的生产常见事故及处理办法。

实习周记、月度成长记录、实习鉴定总结按照本指导书要求进行完成。

八、成绩评定与考核标准

顶岗实习结束后，学生提出申请，填写相关资料；由企业指导教师和校内指导教师组成考核小组，根据顶岗实习要求，参考实习期间的表现，组织进行顶岗实习答辩；结合顶岗实习指导书、专业能力成长记录以及答辩过程中的语言组织能力、礼仪、逻辑思维、实习体会等方面由答辩小组给出答辩成绩。并对每位同学进行综合评价，评出优、良、中、及格、不及格五个等级，分别对应百分制的 95 分、80 分、70 分、60 分、45 分，以下同。学生顶岗实习鉴定表中企业鉴定成绩具有一票否决效力，即如果该成绩为不及格，则学生顶岗实习成绩直接以不及格处理，不再进行成绩总评。

1. 顶岗实习成绩构成

实习成绩＝实习单位指导教师评价×40％＋校内指导教师评价×30％（平时表现＋实习周记＋专业能力成长记录）＋答辩成绩×30％。

最终成绩按优、良、中、及格、不及格五等进行评定。

注：凡有以下情况之一者，顶岗实习成绩判定为不及格：

（1）企业鉴定成绩不及格。

（2）顶岗实习周记不及格。

（3）专业能力成长记录不及格。

2. 顶岗实习成绩评定内容

实习单位指导教师评价：对学生顶岗实习期间的职业素质表现、职业能力和工作业绩进行评定。

校内指导教师评价：对学生顶岗实习期间的履行学校、学院相关规定和顶岗实习要求表现和实习周记、实习报告进行评定。

答辩考核小组：结合顶岗实习指导书、专业能力成长记录以及答辩过程中的语言组织能力、礼仪、逻辑思维、实习体会等方面给出答辩成绩。

考核小组：结合企业评价、校内指导教师评价、答辩成绩最终评定顶岗实习成绩。

3. 评分标准

（1）《学生顶岗实习鉴定表》的成绩评定评分标准

直接以用人单位的考核成绩作为最终成绩。成绩采用优、良、中、及格、不及格五级计分制，分别对应于百分制的 95 分、80 分、70 分、60 分、45 分，以下同。

（2）学生顶岗实习周记、专业能力成长记录评分参考标准

优：及时认真总结、有深度，态度端正、填写完整规范符合要求、字数够，且按规定和指导教师联系沟通，无虚造；

良：认真总结、填写完整规范符合要求、态度端正，数量够，且按规定和指导教师联系沟通，无虚造；

中：总结比较认真、填写比较完整基本符合要求，数量够，且基本按规定和指导教师联系沟通，无虚造；

及格：总结不够认真，但填写比较完整基本符合要求，周记所缺数量小于或等于 5 篇，基本按规定和指导教师联系沟通，无虚造；

凡有以下情况之一者，顶岗实习周记、专业能力成长记录判定为不及格：

① 周记所缺数量大于 5 篇，专业能力成长记录所缺数量大于 1 篇；

② 总结敷衍，不符合要求；

③ 基本不与校内指导教师和辅导员（班主任）沟通，汇报实习情况；

④ 虚造汇报情况。

（3）答辩过程评分参考标准

优：书写认真，材料内容符合规定；简明和正确地阐述顶岗实习主要内容，能够联系生

产实习，思路清晰，论点正确。回答问题准确、深入，有自己的见解，应变能力较强。语言表达能力强；职业核心能力突出（仪表得体、端正大方、有礼貌等）。

良：实习环节完整，材料内容符合规定；能够阐述顶岗实习主要内容，能够联系生产实习，思路清晰。回答问题准确，应变能力较强。语言表达能力较强；职业核心能力表现良好。

中：实习环节完整，材料内容符合规定；阐述顶岗实习内容能够联系生产实习。回答问题准确。语言表达能力较好；职业核心能力表现尚可。

及格：实习环节完整；能阐述顶岗实习主要内容。回答问题基本准确。职业核心能力表现尚可。

不及格：实习环节不完整，材料内容不符合规定；不能阐述顶岗实习主要内容。回答问题基本不准确。职业核心能力表现差。

凡有以下情况之一者，答辩成绩判定为不及格：

未参加答辩或答辩过程态度不端正；

实习材料总结敷衍、不符合要求或抄袭严重；

基本不与校内指导教师和辅导员（班主任）沟通，汇报实习情况；

虚造汇报情况。

项目二　学生顶岗实习计划

计划是指用文字和指标等形式所表述的组织以及组织内不同部门和不同成员，在未来一定时期内关于行动方向、内容和方式安排的管理事件。

按照顶岗实习课程标准要求，指导教师需要指导学生对实习期间的工作预先作出安排和打算；通过顶岗实习计划指明了学生顶岗实习的内容和方向要求，为进行顶岗实习管理提供了依据，有利于学生顺利完成实习工作和学习任务，提高专业能力和职业素养。

一、顶岗实习计划案例

起止时间	实习内容与要求
X月X日至X月X日	实习动员、实习准备和安全培训，了解交接班的程序和内容，能够准确做好岗位的原始记录
X月X日至X月X日	了解所在岗位的任务和生产原理，熟悉岗位产品的物理化学性质、技术指标，熟悉安全技术规程，正确使用劳保用具和安全装置，会进行人身事故的急救
X月X日至X月X日	熟悉工艺（或工作）流程，绘制带控制点的工艺流程图；掌握岗位控制点的位置、操作指标的控制范围及其相关知识
X月X日至X月X日	了解所在岗位的机械设备、管道、阀门的位置以及它们的构造、材质、性能、工作原理、操作维护和防腐知识，能进行简单维护保养
X月X日至X月X日	了解本岗位各种仪表的一般构造、性能、使用及维护知识，掌握本岗位机械设备的一般维护和保养，正确使用仪表
X月X日至X月X日	收集所在岗位详细技术参数（操作参数、物料参数、技术要求）；掌握本岗位正常操作要点、系统开停车程序和注意事项；严格正确地执行各项规章制度；在师傅指导下，能按照工艺操作规程进行本岗位的正确操作和开停车
X月X日至X月X日	熟悉本岗位不正常现象和事故产生的原因以及预防处理知识，能及时发现本岗位的不正常现象和一般事故，并能在师傅指导下正确处理
X月X日至X月X日	完成顶岗实习鉴定和考核

二、顶岗实习计划

<table>
<tr><td rowspan="3">学生情况</td><td>班级</td><td colspan="3"></td><td>姓名</td><td></td></tr>
<tr><td>学号</td><td colspan="3"></td><td>电话</td><td></td></tr>
<tr><td>校内指导教师</td><td colspan="3"></td><td>电话</td><td></td></tr>
<tr><td rowspan="3">实习单位情况</td><td>单位名称</td><td colspan="5"></td></tr>
<tr><td>通信地址</td><td colspan="3"></td><td>邮编</td><td></td></tr>
<tr><td>校外指导教师</td><td></td><td>职称</td><td></td><td>电话</td><td></td></tr>
<tr><td rowspan="10">实习计划</td><td>起止时间</td><td colspan="5">实习内容与要求</td></tr>
<tr><td></td><td colspan="5"></td></tr>
<tr><td></td><td colspan="5"></td></tr>
<tr><td></td><td colspan="5"></td></tr>
<tr><td></td><td colspan="5"></td></tr>
<tr><td></td><td colspan="5"></td></tr>
<tr><td></td><td colspan="5"></td></tr>
<tr><td></td><td colspan="5"></td></tr>
<tr><td></td><td colspan="5"></td></tr>
<tr><td colspan="6">校内指导教师签名： 年 月 日</td></tr>
<tr><td></td><td colspan="6">院(系)审核： 年 月 日</td></tr>
</table>

三、学生自主联系顶岗实习

按照《教育部等五部门关于印发〈职业学校学生实习管理规定〉的通知》(教职成〔2016〕3号)要求，职业学校原则上应选择具有独立法人资格，依法经营、管理规范，安全防护条件完备，提供岗位与学生所学专业对口或相近的企（事）业单位组织学生顶岗实习。

学生要求自行选择顶岗实习单位的，必须由学生本人提出申请，提供实习单位同意接收该学生顶岗实习的公函及实习协议（未成年学生还应提供监护人知情同意书），并经学校备案后方可进行实习。学校对自行选择顶岗实习单位的学生应定期进行实习过程检查。

凡属于自主实习的学生，需要先向学校提出申请并提供《学生自主联系顶岗实习单位回执》，经学校同意并签订三方协议书，上交学校后，方可顶岗实习。

此回执需要填写完整、实习单位盖章、单位相关领导签字、家长本人签字。

四、学生自主联系顶岗实习单位回执

学生自主联系顶岗实习单位回执

<table>
<tr><td>学生姓名</td><td></td><td>联系电话</td><td></td><td>专业班级</td><td></td></tr>
<tr><td>实习单位
名称</td><td colspan="5"></td></tr>
<tr><td>实习单位
地址</td><td colspan="5"></td></tr>
<tr><td>实习单位
邮编</td><td colspan="2"></td><td>实习部门电话</td><td colspan="2"></td></tr>
<tr><td rowspan="2">实习单位
指导教师</td><td>姓名</td><td colspan="2"></td><td>职务</td><td></td></tr>
<tr><td>电话</td><td colspan="2"></td><td>职称</td><td></td></tr>
<tr><td>家长意见</td><td colspan="2"></td><td>家长签名</td><td colspan="2"></td></tr>
<tr><td colspan="6">实习单位签章：
年　月　日</td></tr>
</table>

备注：本回执由实习单位和家长填写后，由学生于　　年　　月　日前带（寄）回学校

学生自主联系顶岗实习单位回执

<table>
<tr><td>学生姓名</td><td></td><td>联系电话</td><td></td><td>专业班级</td><td></td></tr>
<tr><td>实习单位
名称</td><td colspan="5"></td></tr>
<tr><td>实习单位
地址</td><td colspan="5"></td></tr>
<tr><td>实习单位
邮编</td><td colspan="2"></td><td>实习部门电话</td><td colspan="2"></td></tr>
<tr><td rowspan="2">实习单位
指导教师</td><td>姓名</td><td colspan="2"></td><td>职务</td><td></td></tr>
<tr><td>电话</td><td colspan="2"></td><td>职称</td><td></td></tr>
<tr><td>家长意见</td><td colspan="2"></td><td>家长签名</td><td colspan="2"></td></tr>
<tr><td colspan="6">实习单位签章：
年　月　日</td></tr>
</table>

备注：本回执由实习单位和家长填写后，由学生于　　年　　月　日前带（寄）回学校

五、学生顶岗实习成绩评价参考标准

指导教师从以下几个方面评价	
工作态度	○优：主动积极地承担工作，反应迅速，不用督导也能全面地完成工作
	○良：能主动承担工作，能完整地完成工作，偶尔需要督导
	○中：能够完成分配的工作，需要较多的督导
	○及格：安排的工作需要密切监督
	○不及格：工作表现对其他同事的士气造成了不良影响
工作质量	○优：经常有超过预期要求的工作绩效
	○良：仅需较少指导就能完全实现工作目标
	○中：在工作中需要一定的指导，大多数工作能够实现即定工作目标
	○及格：虽经指导但改进不明显，与工作质量目标总有一定差距
	○不及格：虽经指导，错误时常发生
工作效率	○优：经常提前完成工作
	○良：有时能提前完成工作
	○中：安排的工作基本上能在限定的时间内完成
	○及格：有时由于个人原因不能按时完成工作
	○不及格：经常不能按时完成工作
团队合作	○优：积极主动协助他人工作，善于帮助同事朝目标努力
	○良：能够比较主动地协助他人工作，愿意帮助他人实现目标
	○中：能够应要求协助他人工作
	○不及格：合作意识或能力不强，较难与他人合作
知识应用	○优：自觉补充知识，不局限于实习工作要求的范围，并学以致用，改进工作
	○良：自觉补充多种知识
	○中：掌握实习所需知识，并能在工作中加以运用
	○不及格：缺乏学习热情
总评成绩 ○优 ○良 ○中 ○及格 ○不及格	

项目三　校内安全教育记录

1.教育时间：

2.教育地点：

3.专业班级：

4.参加人员：全体参加顶岗实习的指导教师与实习学生

5.安全教育主要内容：

（1）参加实习学生实习前必须进行安全教育，全体参加顶岗实习的同学必须服从校方、厂方指导人员指挥，严格遵守厂纪厂规，实习进程中严格按照岗位安全操作规程及工艺规程进行操作，做到安全实习，消除一切安全隐患。

（2）学生到企业必须接受三级安全教育。下班组或动手实习前，要由厂方进行安全操作教育，校外指导在场指导监护，否则不能动手实习。

（3）学生实习期间要严格要求自己，不准在禁烟场所吸烟，出入实习现场要注意安全，禁止推搡，不得乱抛物体，保护自身和他人安全。要加强法制观念和组织纪律，服从分配、听从指挥，如有违纪则停止实习，情节严重者交学校处理。

（4）学生实习时，按厂方要求穿戴相应的劳保用品，不准穿奇装异服、高跟鞋，学生实习不正确穿戴和使用劳保用品，指导教师有权停止其实习，且按旷课计算。

（5）实习期间，注意饮食卫生和住宿等各种人身安全。实习期间一般不得请假，因事不参加实习的学生应事先向指导教师请假；实习过程中不得随意离开实习现场，实习期间未经请假或未征得指导教师同意不得私自离开集体。

（6）学生实习中，必须按照要求与指导教师进行交流汇报；如发生意外事故要保护好现场，并立即向实习单位安全管理部门和指导教师报告，不得隐瞒事故。如发生事故或工伤按照国家有关规定进行处理。

安全教育教师：　　　　　　　　接受教育学生：

年　月　日　　　　　　　　年　月　日

项目四　顶岗实习协议书

《教育部等五部门关于印发〈职业学校学生实习管理规定〉的通知》（教职成〔2016〕3号）明确了职业学校学生实习是实现职业教育培养目标、增强学生综合能力的基本环节，是教育教学的核心部分，要求职业院校应根据专业人才培养方案，与实习单位共同制订实习计划，实习岗位应符合专业培养目标要求，与学生所学专业对口或相近。实习开始前，职业学校应当根据专业人才培养方案，与实习单位共同制订实习计划，明确实习目标、实习任务、必要的实习准备、考核标准等；并开展培训，使学生了解各实习阶段的学习目标、任务和考核标准。

规定还明确要求“无协议不实习”。学生参加跟岗实习、顶岗实习前，职业学校、实习单位、学生三方应签订实习协议，明确各方的责任、权利和义务，协议约定的内容不得违反相关法律法规。未满18周岁的学生参加跟岗实习、顶岗实习，应取得学生监护人签字的知情同意书。未按规定签订实习协议的，不得安排学生实习。

各学校可以借鉴此实习协议，根据自身特点制定适合本专业的三方实习协议。

________________学院学生顶岗实习协议书

甲方（实习单位）：____

地址：________________________　电话：________________

乙方（学生）：________________

身份证号码：____________________　电话：________________

丙方：__________________________　系（院）：______________

地址：__________________________　电话：________________

鉴于甲方愿意为丙方在校学生提供实习岗位并从实习学生中挑选合适人员作为其员工，丙方希望通过甲方为其在校学生提供顶岗实习岗位和就业机会，乙方愿意接受丙方安排在甲方进行顶岗实习，经甲、乙、丙三方友好协商，签订本协议如下：

一、顶岗实习岗位、期限及留任

1.三方同意乙方在________年__月____日至________年____月____日期间在甲方进行为期____个月的顶岗实习。

2.甲方将安排乙方在甲方的______________部门___________岗位进行顶岗实习。

3.顶岗实习结束，若甲乙双方达成就业协议，丙方支持甲乙双方签订劳动合同。

二、各方的权利和义务

（一）甲方的权利和义务

1.甲方的权利

（1）甲方有权参与制订专业顶岗实习计划。

（2）甲方有权根据自己的需要和乙方的工作能力对乙方的顶岗实习内容进行调整。若乙方在顶岗实习过程中有违法、违纪和违规行为，甲方应通知丙方，并有权提出终止乙方顶岗实习的建议。

（3）在乙方顶岗实习期间，甲方有权对乙方进行管理，安排具有相应专业知识、技能或工作经验的人员对乙方顶岗实习进行指导。在乙方顶岗实习结束时根据实际情况对乙方做出顶岗实习考核鉴定。

2. 甲方的义务

（1）甲方应按照本协议规定的时间和内容为乙方提供顶岗实习岗位，岗位顶岗实习的学生人数不高于同类岗位在岗职工总人数的20%，所安排的工作应符合法律的规定和不损害乙方的身心健康。

（2）加强对乙方的岗位培训，落实安全防护措施，预防发生伤亡事故。

（3）为乙方提供必要的劳动保障措施。乙方在甲方顶岗实习期间，若发生工伤事故，由甲方参照在职员工工伤事故处理办法处理，丙方负责配合做好学生、家长等各方工作。

（4）根据国家有关规定，参考本单位相同岗位的报酬标准和顶岗实习学生的工作量、工作强度、工作时间等因素，合理确定顶岗实习报酬，并按照甲乙双方商定的标准以货币形式及时、足额支付乙方顶岗实习劳动报酬。

（5）不向学生收取实习押金、顶岗实习报酬提成、管理费或者其他形式的实习费用。

（6）为丙方前往甲方对乙方进行指导或管理提供方便，并对丙方顶岗实习指导教师到本单位的指导情况进行考核，向丙方提供乙方顶岗实习的真实表现等信息。

（二）乙方的权利和义务

1. 乙方的权利

（1）有权在协议规定的顶岗实习时间按照甲方安排的内容参加顶岗实习。

（2）享有劳动报酬和劳动保障的权利，每月按照甲乙双方商定的标准向甲方领取顶岗实习报酬。

（3）如果甲方安排的工作内容违法或有损乙方身心健康，乙方应向甲方和丙方报告，由甲方和丙方协商解决。

2. 乙方的义务

（1）顶岗实习是学生学习活动的重要环节，乙方应按照学院顶岗实习的有关规定参加顶岗实习。在顶岗实习期间，乙方必须接受相关安全教育，并认真完成岗位操作、技能培养、实习报告等任务。未经甲方、丙方同意，乙方不得私自更换实习岗位。

（2）遵守实习管理规定，按时完成顶岗实习期间甲方交付的任务和工作，服从顶岗实习单位和学院的统一管理，接受顶岗实习单位和学院的考核。

（3）乙方如有违纪行为发生，由甲方和丙方共同根据相关规定协商处理。乙方在顶岗实习期间凡属于自身原因造成自离、辞退、受伤等人身安全事故的，其责任全部由乙方承担。若造成企业经济财产损失，由乙方承担。

（4）负责向甲、丙双方或任何一方反映自己所遇到的问题。

（5）在签订本协议时，应将以上情况向家长汇报并征得家长同意。

（三）丙方的权利和义务

1. 丙方的权利

（1）有权在不影响甲方正常生产和工作的前提下前往顶岗实习单位对乙方进行指导或管理，有权向甲方了解学生的顶岗实习情况。

（2）有权根据乙方在甲方顶岗实习过程中的表现，决定是否给予乙方相应课程学分或是否参加丙方相应课程的考试。

（3）有权对乙方在顶岗实习期间的行为进行监督和管理，确保乙方遵守本协议，顺利完成顶岗实习工作。

2. 丙方的义务

（1）负责与甲方签订校企合作顶岗实习协议，约定顶岗实习相关事项。

（2）做好乙方顶岗实习前的动员与培训工作，顶岗实习中的管理、检查、协调工作，顶岗实习后的考核和其他工作。

（3）对顶岗实习学生超过 10 人的单位，丙方负责安排专门实习指导教师，协助实习单位对乙方进行管理。也可由丙方委托实习单位对乙方进行管理。

（4）负责同顶岗实习单位共同处理乙方在顶岗实习期间发生的各种纠纷、突发事件及其他安全事故。

（5）在乙方违约的情况下，丙方有责任配合甲方追究乙方的违约行为。

三、保密约定

协议三方都有义务为三方中的任何一方保守法律规定的相关秘密，尤其是要对甲方的经营管理和知识产权类信息进行保密，若有违反，依据相关法律法规处理。

四、协议的终止与解除

1. 协议期满自然终止。

2. 若因其他原因造成协议提前终止时，甲乙丙三方均应提前一周通知其他二方。

3. 乙方若违反本协议乙方义务第三条的有关规定，甲方可提前终止本协议，但应通知丙方并说明原因，乙方应承担甲方由此所遭受的损失。

五、协议的生效

本协议一式三份，由甲、乙、丙三方各执一份，经三方合法授权代表签署后生效。本协议生效后，对甲乙丙各方都具有法律的约束力。任何一方对此协议内容进行任何修正或改动，都应经过三方书面确认后方能生效。

有关协议的其他未尽事宜由三方协商解决。

甲方（签字盖章）：	乙方及家长（签字）：	丙方（签字盖章）：
年　月　日	年　月　日	年　月　日

模块二
化工顶岗实习记录

学生通过参与生产第一线的实践活动，将所学的理论知识和生产实践相结合，验证、探讨生产实际问题，进一步巩固和丰富专业知识，熟悉生产组织管理、生产技术管理的有关知识，为正式走向工作岗位打下良好的基础。

进入实习岗位，必须首先熟悉企业的相关概况，熟悉操作规程和岗位操作法。

操作规程是一个装置生产、管理、安全工作的经验总结。每个操作人员及生产管理人员，都必须学好操作规程，了解装置全貌以及装置内各岗位构成，了解本岗位在整个装置中的作用，从而严格地执行操作规程，按操作规程办事，强化管理、精心操作，安全、稳定、长周期、满负荷、优质地完成生产任务。

岗位操作法是每个岗位操作人员借以进行生产操作的依据及指南，是工厂法规的基础材料及基本守则。每个操作人员在走上生产岗位之前都要经过岗位操作法的学习及考试，只有熟悉岗位操作法，并能用操作法中的有关内容来指导实施正常生产操作的人员，经过考核合格才能走上操作岗位。

岗位操作法也是新工人进行教育培训的基础内容。一般新工人进厂，除了要进行化工知识的一般讲座培训外，必须组织学习操作规程及岗位操作法，使他们对化工生产的了解由抽象转为具体。

结合顶岗实习课程标准和企业岗位实习需求，学生需要完成企业概况、实习岗位记录等相关实习资料，为后续实习和工作打下基础。

结合企业与实习岗位名实际，根据指导书填写要求与注意事项填写以下内容。

项目一　实习企业概况

1. 企业名称（全称）：____________________

2. 企业地点：____________________

3. 联系方式：____________________

4. 企业性质：□国有企业　□事业单位　□民营企业　□合资企业　□外资企业
　□教育单位　□其他____________

5. 规模：____________________

6. 业务产品：

7. 效益：

8. 企业文化：

9. 绘出单位组织结构图

项目二　实习岗位记录

一、岗位工艺部分

1. 岗位说明

（1）岗位名称：________________

（2）本岗位在生产流程中的作用：________________

2. 岗位生产原理（或化学反应）

3. 岗位工艺流程叙述

4. 岗位带控制点工艺流程图

5. 岗位设备布置图

6. 岗位所用的原材料及其规格

序号	原材料名称	技术规格	生产厂家	备注
1				
2				
3				
4				
5				
6				
7				
8				
9				
10				
11				
12				

7. 岗位物料配比

8. 岗位工艺条件

9. 岗位工艺中控制指标

10. 岗位工艺中控制指标分析方法

二、岗位操作部分

1. 岗位基本任务

2. 岗位定员及分工

3. 岗位交接班内容

4. 岗位设备一览表

序号	位号	名　称	规格型号及技术参数	定型	非标	单位	数量	材料	单重/kg	总重/kg	生产厂家	备　注
1												
2												
3												
4												
5												
6												
7												
8												
9												

5. 岗位管道、材料一览表

管道号	名称	规格	材料	数量
	管子			
	管件			
	阀门			
	管子			
	管件			
	阀门			
	管子			
	管件			
	阀门			
	管子			
	管件			
	阀门			
	管子			
	管件			
	阀门			
	管子			
	管件			
	阀门			
	管子			
	管件			
	阀门			
	管子			
	管件			
	阀门			
	管子			
	管件			
	阀门			
	管子			
	管件			
	阀门			

6. 岗位开车准备

7. 岗位正常操作步骤

8. 岗位非正常停车操作步骤

9. 岗位操作注意事项

三、岗位安全部分

1. 岗位原料物性、安全要求及处理方法

物质名称	
危险性质	
空气中 允许浓度	
防护措施	
急救措施	
灭火方法	
禁忌物	
储存条件	

物质名称	
危险性质	
空气中 允许浓度	
防护措施	
急救措施	
灭火方法	
禁忌物	
储存条件	

物质名称	
危险性质	
空气中 允许浓度	
防护措施	
急救措施	
灭火方法	
禁忌物	
储存条件	

物质名称	
危险性质	
空气中 允许浓度	
防护措施	
急救措施	
灭火方法	
禁忌物	
储存条件	

2. 岗位技术安全条例

3. 岗位设备、管道、阀门、仪表的安全操作要求

4. 用电安全操作要求

5. 岗位劳动保护及劳动环境的安全要求

6. 岗位在运行过程中遇到紧急停电、停水、停蒸汽安全操作要求

7. 岗位事故应急处理安全操作要求

8. 岗位长期停车前安全操作要求

模块三 顶岗实习周记

顶岗实习周记是学生对一周的实习过程的总结概括，也是考核成绩的重要依据，是学生在实习期间所从事实践活动的原始记载，是学生自我约束、自我控制、自我培养、自我提高的真实记录。周记也是保存实习过程的详细资料、完成自我总结的最有说服力的基础素材。

周记要求每周一次，从到企业实习之日起至实习结束。学生要认真把实习中所见、所学、所做、所感的主要内容记录下来。尽量把所学专业知识与实习实际紧密联系，内容要真实，为后续撰写专业能力成长记录、实习鉴定等提供素材。

顶岗实习周记主要包括一周工作纪实、遇到问题与解决办法、进步与收获、指导教师评价四部分。

一周工作纪实：利用简洁的语言讲述一周实习期最难忘的事和完成的主要工作。

遇到问题与解决办法：主要是结合一个或两个实习期间遇到的问题，阐述采取什么方法或措施，如何进行解决，有什么样的结果产生。

进步与收获：根据实习过程自己的体会填写。主要是结合引发思考的事情或工作，带给自己的感受、感悟，把对实习的看法讲述出来，并做出自己的规划，找出自己做得好的、不足的。例如：本周实习有哪些心得体会？自己在哪些方面有所成长和收获？所学知识和书本上哪些原理能对应？对本周实习觉得还有哪些不足？

指导教师评价：针对学生整周实习情况写出总结性评价；主要考虑工作表现与学习态度、分析与解决问题能力、遵守纪律与规章制度、实习周记的填写情况、实习是否达到目的等方面评价。企业指导教师意见必须翔实、符合实际并签字，禁止应付了事。

学生顶岗实习周记（范例）

<table>
<tr><td>实习单位</td><td>XX 石化集团</td><td>实习岗位</td><td>常减压</td></tr>
<tr><td>实习时间</td><td colspan="3">XXXX 年 XX 月 1 日至 XXXX 年 XX 月 7 日(第 X 周)</td></tr>
<tr><td colspan="4">实习内容</td></tr>
<tr><td colspan="4">一周工作纪实：
按照学校组织安排，我们到 XX 石化集团进行顶岗实习，首先由安全环保部部长对我们进行了厂级安全教育，讲解了安全问题的重要性和在实习中所要遇到的种种危险和潜在的危险等等，如进车间必须穿好工作服佩戴安全帽，不能擅自单独行动，有不懂和自己解决不了的问题及时向师傅请教。三级安全教育后，师傅带领我们对实习岗位进行了参观，以便了解其概况。参观中我们着重了解了生产工艺流程、工艺参数、主要物料与产品性质、主要设备的特点以及生产组织管理形式等。
遇到问题与解决办法：
企业要组织我们进行安全教育考试，虽然在校期间开设了《安全生产技术》课程，但重视程度不够，所以现在学习起来有点吃力。通过认真听课、做好笔记、向师傅请教、积极思考与复习，下班后又自觉加班学习，终于顺利通过安全教育测试，取得到岗位跟班见习的资格。
进步与收获：
强化了“安全是第一，工作是其次”的安全理念，掌握了事故的发生因素及其预防措施，例如：事故发生的因素包括人的不安全行为、物的不安全状态以及管理的缺陷等。到岗位见习期间一定会服从指挥，遵守规章制度和操作规程，确保安全。
我们还到其他有关车间进行了专业性的参观，获得了更加广泛的生产实践知识，和更加准确理解了工厂的运作模式。</td></tr>
<tr><td colspan="4">企业指导教师评价(工作表现与学习态度、分析与解决问题能力、遵守纪律与规章制度等方面)
该同学学习态度端正、工作认真，安全教育期间积极主动学习相关规章制度和相关安全技能，各方面成长明显。以优异成绩通过安全测试，具有很大的成长空间。继续努力！
签字：　XX　　XXXX 年 XX 月 7 日</td></tr>
<tr><td colspan="4">注：内容必须反映实习工作，要有选择性。不要写成“流水账”，要选择有意义和有价值的事情来写。重点突出、条理清晰、语言简洁、通俗易懂。</td></tr>
</table>

学生顶岗实习周记

实习单位		实习岗位	
实习时间	年　月　日至　年　月　日(第　周)		
实习内容			
一周工作纪实： 遇到问题与解决办法： 进步与收获：			
企业指导教师评价(工作表现与学习态度、分析与解决问题能力、遵守纪律与规章制度等方面) 签字：　　年　月　日			
注：内容必须反映实习工作，要有选择性。不要写成“流水账”，要选择有意义和有价值的事情来写。重点突出、条理清晰、语言简洁、通俗易懂。			

学生顶岗实习周记

<table>
<tr><td>实习单位</td><td></td><td>实习岗位</td><td></td></tr>
<tr><td>实习时间</td><td colspan="3">年　　月　　日至　　年　　月　　日(第　　周)</td></tr>
<tr><td colspan="4">实习内容</td></tr>
<tr><td colspan="4">一周工作纪实：

遇到问题与解决办法：

进步与收获：</td></tr>
<tr><td colspan="4">企业指导教师评价(工作表现与学习态度、分析与解决问题能力、遵守纪律与规章制度等方面)

签字：　　　　　　年　　月　　日</td></tr>
<tr><td colspan="4">注：内容必须反映实习工作，要有选择性。不要写成“流水账”，要选择有意义和有价值的事情来写。重点突出、条理清晰、语言简洁、通俗易懂。</td></tr>
</table>

学生顶岗实习周记

<table>
<tr><td>实习单位</td><td></td><td>实习岗位</td><td></td></tr>
<tr><td>实习时间</td><td colspan="3">年　　月　　日至　　年　　月　　日(第　　周)</td></tr>
<tr><td colspan="4">实习内容</td></tr>
<tr><td colspan="4">一周工作纪实：

遇到问题与解决办法：

进步与收获：</td></tr>
<tr><td colspan="4">企业指导教师评价(工作表现与学习态度、分析与解决问题能力、遵守纪律与规章制度等方面)

签字：　　　　　　　年　　月　　日</td></tr>
<tr><td colspan="4">注:内容必须反映实习工作,要有选择性。不要写成“流水账”,要选择有意义和有价值的事情来写。重点突出、条理清晰、语言简洁、通俗易懂。</td></tr>
</table>

学生顶岗实习周记

<table>
<tr><td>实习单位</td><td></td><td>实习岗位</td><td></td></tr>
<tr><td>实习时间</td><td colspan="3">年　　月　　日至　　　年　　月　　日(第　　周)</td></tr>
<tr><td colspan="4">实习内容</td></tr>
<tr><td colspan="4">一周工作纪实：

遇到问题与解决办法：

进步与收获：</td></tr>
<tr><td colspan="4">企业指导教师评价(工作表现与学习态度、分析与解决问题能力、遵守纪律与规章制度等方面)

签字：　　　　　　年　　月　　日</td></tr>
<tr><td colspan="4">注：内容必须反映实习工作，要有选择性。不要写成“流水账”，要选择有意义和有价值的事情来写。重点突出、条理清晰、语言简洁、通俗易懂。</td></tr>
</table>

学生顶岗实习周记

<table>
<tr><td>实习单位</td><td></td><td>实习岗位</td><td></td></tr>
<tr><td>实习时间</td><td colspan="3">年　　月　　日至　　年　　月　　日(第　　周)</td></tr>
<tr><td colspan="4">实习内容</td></tr>
<tr><td colspan="4">一周工作纪实：

遇到问题与解决办法：

进步与收获：</td></tr>
<tr><td colspan="4">企业指导教师评价(工作表现与学习态度、分析与解决问题能力、遵守纪律与规章制度等方面)

签字：　　　　　　年　　月　　日</td></tr>
<tr><td colspan="4">注:内容必须反映实习工作,要有选择性。不要写成“流水账”,要选择有意义和有价值的事情来写。重点突出、条理清晰、语言简洁、通俗易懂。</td></tr>
</table>

学生顶岗实习周记

<table>
<tr><td>实习单位</td><td></td><td>实习岗位</td><td></td></tr>
<tr><td>实习时间</td><td colspan="3">年　　月　　日至　　　年　　月　　日(第　　周)</td></tr>
<tr><td colspan="4">实习内容</td></tr>
<tr><td colspan="4">一周工作纪实：

遇到问题与解决办法：

进步与收获：</td></tr>
<tr><td colspan="4">企业指导教师评价(工作表现与学习态度、分析与解决问题能力、遵守纪律与规章制度等方面)

签字：　　　　　　　年　　月　　日</td></tr>
<tr><td colspan="4">注：内容必须反映实习工作，要有选择性。不要写成“流水账”，要选择有意义和有价值的事情来写。重点突出、条理清晰、语言简洁、通俗易懂。</td></tr>
</table>

学生顶岗实习周记

<table>
<tr><td>实习单位</td><td></td><td>实习岗位</td><td></td></tr>
<tr><td>实习时间</td><td colspan="3">年　月　日至　年　月　日(第　周)</td></tr>
<tr><td colspan="4">实习内容</td></tr>
<tr><td colspan="4">一周工作纪实：

遇到问题与解决办法：

进步与收获：</td></tr>
<tr><td colspan="4">企业指导教师评价(工作表现与学习态度、分析与解决问题能力、遵守纪律与规章制度等方面)

签字：　　　　年　月　日</td></tr>
<tr><td colspan="4">注：内容必须反映实习工作，要有选择性。不要写成“流水账”，要选择有意义和有价值的事情来写。重点突出、条理清晰、语言简洁、通俗易懂。</td></tr>
</table>

学生顶岗实习周记

<table>
<tr><td>实习单位</td><td></td><td>实习岗位</td><td></td></tr>
<tr><td>实习时间</td><td colspan="3">年　月　日至　年　月　日(第　周)</td></tr>
<tr><td colspan="4">实习内容</td></tr>
<tr><td colspan="4">一周工作纪实：

遇到问题与解决办法：

进步与收获：</td></tr>
<tr><td colspan="4">企业指导教师评价(工作表现与学习态度、分析与解决问题能力、遵守纪律与规章制度等方面)

签字：　　　　年　月　日</td></tr>
<tr><td colspan="4">注：内容必须反映实习工作，要有选择性。不要写成“流水账”，要选择有意义和有价值的事情来写。重点突出、条理清晰、语言简洁、通俗易懂。</td></tr>
</table>

学生顶岗实习周记

<table>
<tr><td>实习单位</td><td></td><td>实习岗位</td><td></td></tr>
<tr><td>实习时间</td><td colspan="3">年 月 日至 年 月 日(第 周)</td></tr>
<tr><td colspan="4">实习内容</td></tr>
<tr><td colspan="4">一周工作纪实：

遇到问题与解决办法：

进步与收获：</td></tr>
<tr><td colspan="4">企业指导教师评价(工作表现与学习态度、分析与解决问题能力、遵守纪律与规章制度等方面)

签字： 年 月 日</td></tr>
<tr><td colspan="4">注：内容必须反映实习工作，要有选择性。不要写成“流水账”，要选择有意义和有价值的事情来写。重点突出、条理清晰、语言简洁、通俗易懂。</td></tr>
</table>

学生顶岗实习周记

<table>
<tr><td>实习单位</td><td></td><td>实习岗位</td><td></td></tr>
<tr><td>实习时间</td><td colspan="3">年　　月　　日至　　年　　月　　日(第　　周)</td></tr>
<tr><td colspan="4">实习内容</td></tr>
<tr><td colspan="4">一周工作纪实：

遇到问题与解决办法：

进步与收获：</td></tr>
<tr><td colspan="4">企业指导教师评价(工作表现与学习态度、分析与解决问题能力、遵守纪律与规章制度等方面)

签字：　　　　　　年　　月　　日</td></tr>
<tr><td colspan="4">注：内容必须反映实习工作，要有选择性。不要写成“流水账”，要选择有意义和有价值的事情来写。重点突出、条理清晰、语言简洁、通俗易懂。</td></tr>
</table>

学生顶岗实习周记

<table>
<tr><td>实习单位</td><td></td><td>实习岗位</td><td></td></tr>
<tr><td>实习时间</td><td colspan="3">年　　月　　日至　　年　　月　　日(第　　周)</td></tr>
<tr><td colspan="4">实习内容</td></tr>
<tr><td colspan="4">一周工作纪实：

遇到问题与解决办法：

进步与收获：</td></tr>
<tr><td colspan="4">企业指导教师评价(工作表现与学习态度、分析与解决问题能力、遵守纪律与规章制度等方面)

签字：　　　　　　年　　月　　日</td></tr>
<tr><td colspan="4">注：内容必须反映实习工作，要有选择性。不要写成“流水账”，要选择有意义和有价值的事情来写。重点突出、条理清晰、语言简洁、通俗易懂。</td></tr>
</table>

学生顶岗实习周记

<table>
<tr><td>实习单位</td><td></td><td>实习岗位</td><td></td></tr>
<tr><td>实习时间</td><td colspan="3">年　　月　　日至　　年　　月　　日(第　　周)</td></tr>
<tr><td colspan="4">实习内容</td></tr>
<tr><td colspan="4">一周工作纪实：

遇到问题与解决办法：

进步与收获：</td></tr>
<tr><td colspan="4">企业指导教师评价(工作表现与学习态度、分析与解决问题能力、遵守纪律与规章制度等方面)

签字：　　　　　　年　　月　　日</td></tr>
<tr><td colspan="4">注：内容必须反映实习工作，要有选择性。不要写成“流水账”，要选择有意义和有价值的事情来写。重点突出、条理清晰、语言简洁、通俗易懂。</td></tr>
</table>

学生顶岗实习周记

<table>
<tr><td>实习单位</td><td></td><td>实习岗位</td><td></td></tr>
<tr><td>实习时间</td><td colspan="3">年　　月　　日至　　年　　月　　日(第　　周)</td></tr>
<tr><td colspan="4">实习内容</td></tr>
<tr><td colspan="4">一周工作纪实：

遇到问题与解决办法：

进步与收获：</td></tr>
<tr><td colspan="4">企业指导教师评价(工作表现与学习态度、分析与解决问题能力、遵守纪律与规章制度等方面)

签字：　　　　　　年　　月　　日</td></tr>
<tr><td colspan="4">注：内容必须反映实习工作，要有选择性。不要写成“流水账”，要选择有意义和有价值的事情来写。重点突出、条理清晰、语言简洁、通俗易懂。</td></tr>
</table>

学生顶岗实习周记

<table>
<tr><td>实习单位</td><td></td><td>实习岗位</td><td></td></tr>
<tr><td>实习时间</td><td colspan="3">年　月　日至　年　月　日(第　周)</td></tr>
<tr><td colspan="4">实习内容</td></tr>
<tr><td colspan="4">一周工作纪实：

遇到问题与解决办法：

进步与收获：</td></tr>
<tr><td colspan="4">企业指导教师评价(工作表现与学习态度、分析与解决问题能力、遵守纪律与规章制度等方面)

签字：　　　年　月　日</td></tr>
<tr><td colspan="4">注：内容必须反映实习工作，要有选择性。不要写成“流水账”，要选择有意义和有价值的事情来写。重点突出、条理清晰、语言简洁、通俗易懂。</td></tr>
</table>

学生顶岗实习周记

<table>
<tr><td>实习单位</td><td></td><td>实习岗位</td><td></td></tr>
<tr><td>实习时间</td><td colspan="3">年 月 日至 年 月 日(第 周)</td></tr>
<tr><td colspan="4">实习内容</td></tr>
<tr><td colspan="4">一周工作纪实：

遇到问题与解决办法：

进步与收获：</td></tr>
<tr><td colspan="4">企业指导教师评价(工作表现与学习态度、分析与解决问题能力、遵守纪律与规章制度等方面)

签字： 年 月 日</td></tr>
<tr><td colspan="4">注：内容必须反映实习工作，要有选择性。不要写成“流水账”，要选择有意义和有价值的事情来写。重点突出、条理清晰、语言简洁、通俗易懂。</td></tr>
</table>

学生顶岗实习周记

<table>
<tr><td>实习单位</td><td></td><td>实习岗位</td><td></td></tr>
<tr><td>实习时间</td><td colspan="3">年 月 日至 年 月 日(第 周)</td></tr>
<tr><td colspan="4">实习内容</td></tr>
<tr><td colspan="4">一周工作纪实：

遇到问题与解决办法：

进步与收获：</td></tr>
<tr><td colspan="4">企业指导教师评价(工作表现与学习态度、分析与解决问题能力、遵守纪律与规章制度等方面)

签字： 年 月 日</td></tr>
<tr><td colspan="4">注：内容必须反映实习工作，要有选择性。不要写成“流水账”，要选择有意义和有价值的事情来写。重点突出、条理清晰、语言简洁、通俗易懂。</td></tr>
</table>

学生顶岗实习周记

<table>
<tr><td>实习单位</td><td></td><td>实习岗位</td><td></td></tr>
<tr><td>实习时间</td><td colspan="3">年　　月　　日至　　　年　　月　　日(第　　周)</td></tr>
<tr><td colspan="4">实习内容</td></tr>
<tr><td colspan="4">一周工作纪实：

遇到问题与解决办法：

进步与收获：</td></tr>
<tr><td colspan="4">企业指导教师评价(工作表现与学习态度、分析与解决问题能力、遵守纪律与规章制度等方面)

签字：　　　　　　　年　　月　　日</td></tr>
<tr><td colspan="4">注：内容必须反映实习工作，要有选择性。不要写成“流水账”，要选择有意义和有价值的事情来写。重点突出、条理清晰、语言简洁、通俗易懂。</td></tr>
</table>

学生顶岗实习周记

<table>
<tr><td>实习单位</td><td></td><td>实习岗位</td><td></td></tr>
<tr><td>实习时间</td><td colspan="3">年　　月　　日至　　年　　月　　日(第　　周)</td></tr>
<tr><td colspan="4">实习内容</td></tr>
<tr><td colspan="4">一周工作纪实：

遇到问题与解决办法：

进步与收获：</td></tr>
<tr><td colspan="4">企业指导教师评价(工作表现与学习态度、分析与解决问题能力、遵守纪律与规章制度等方面)

签字：　　　　　年　　月　　日</td></tr>
<tr><td colspan="4">注：内容必须反映实习工作，要有选择性。不要写成“流水账”，要选择有意义和有价值的事情来写。重点突出、条理清晰、语言简洁、通俗易懂。</td></tr>
</table>

学生顶岗实习周记

<table>
<tr><td>实习单位</td><td></td><td>实习岗位</td><td></td></tr>
<tr><td>实习时间</td><td colspan="3">年　　月　　日至　　年　　月　　日(第　　周)</td></tr>
<tr><td colspan="4">实习内容</td></tr>
<tr><td colspan="4">一周工作纪实：

遇到问题与解决办法：

进步与收获：</td></tr>
<tr><td colspan="4">企业指导教师评价(工作表现与学习态度、分析与解决问题能力、遵守纪律与规章制度等方面)

签字：　　　　　　年　　月　　日</td></tr>
<tr><td colspan="4">注：内容必须反映实习工作，要有选择性。不要写成“流水账”，要选择有意义和有价值的事情来写。重点突出、条理清晰、语言简洁、通俗易懂。</td></tr>
</table>

学生顶岗实习周记

<table>
<tr><td>实习单位</td><td></td><td>实习岗位</td><td></td></tr>
<tr><td>实习时间</td><td colspan="3">年　　月　　日至　　年　　月　　日(第　　周)</td></tr>
<tr><td colspan="4">实习内容</td></tr>
<tr><td colspan="4">一周工作纪实：

遇到问题与解决办法：

进步与收获：</td></tr>
<tr><td colspan="4">企业指导教师评价(工作表现与学习态度、分析与解决问题能力、遵守纪律与规章制度等方面)

签字：　　　　　　年　　月　　日</td></tr>
<tr><td colspan="4">注：内容必须反映实习工作，要有选择性。不要写成“流水账”，要选择有意义和有价值的事情来写。重点突出、条理清晰、语言简洁、通俗易懂。</td></tr>
</table>

学生顶岗实习周记

<table>
<tr><td>实习单位</td><td></td><td>实习岗位</td><td></td></tr>
<tr><td>实习时间</td><td colspan="3">年　　月　　日至　　年　　月　　日(第　　周)</td></tr>
<tr><td colspan="4">实习内容</td></tr>
<tr><td colspan="4">一周工作纪实：

遇到问题与解决办法：

进步与收获：</td></tr>
<tr><td colspan="4">企业指导教师评价(工作表现与学习态度、分析与解决问题能力、遵守纪律与规章制度等方面)

签字：　　　　　　年　　月　　日</td></tr>
<tr><td colspan="4">注：内容必须反映实习工作，要有选择性。不要写成“流水账”，要选择有意义和有价值的事情来写。重点突出、条理清晰、语言简洁、通俗易懂。</td></tr>
</table>

学生顶岗实习周记

<table>
<tr><td>实习单位</td><td></td><td>实习岗位</td><td></td></tr>
<tr><td>实习时间</td><td colspan="3">年　　月　　日至　　年　　月　　日(第　　周)</td></tr>
<tr><td colspan="4">实习内容</td></tr>
<tr><td colspan="4">一周工作纪实：

遇到问题与解决办法：

进步与收获：</td></tr>
<tr><td colspan="4">企业指导教师评价(工作表现与学习态度、分析与解决问题能力、遵守纪律与规章制度等方面)

签字：　　　　　　年　　月　　日</td></tr>
<tr><td colspan="4">注：内容必须反映实习工作，要有选择性。不要写成“流水账”，要选择有意义和有价值的事情来写。重点突出、条理清晰、语言简洁、通俗易懂。</td></tr>
</table>

学生顶岗实习周记

<table>
<tr><td>实习单位</td><td></td><td>实习岗位</td><td></td></tr>
<tr><td>实习时间</td><td colspan="3">年　月　日至　年　月　日(第　周)</td></tr>
<tr><td colspan="4">实习内容</td></tr>
<tr><td colspan="4">一周工作纪实：

遇到问题与解决办法：

进步与收获：</td></tr>
<tr><td colspan="4">企业指导教师评价(工作表现与学习态度、分析与解决问题能力、遵守纪律与规章制度等方面)

签字：　　　年　月　日</td></tr>
<tr><td colspan="4">注：内容必须反映实习工作，要有选择性。不要写成“流水账”，要选择有意义和有价值的事情来写。重点突出、条理清晰、语言简洁、通俗易懂。</td></tr>
</table>

学生顶岗实习周记

实习单位		实习岗位	
实习时间	年　月　日至　年　月　日(第　周)		
实习内容			
一周工作纪实： 遇到问题与解决办法： 进步与收获：			
企业指导教师评价(工作表现与学习态度、分析与解决问题能力、遵守纪律与规章制度等方面) 签字：　　年　月　日			
注：内容必须反映实习工作，要有选择性。不要写成“流水账”，要选择有意义和有价值的事情来写。重点突出、条理清晰、语言简洁、通俗易懂。			

学生顶岗实习周记

<table>
<tr><td>实习单位</td><td></td><td>实习岗位</td><td></td></tr>
<tr><td>实习时间</td><td colspan="3">年　月　日至　年　月　日(第　周)</td></tr>
<tr><td colspan="4">实习内容</td></tr>
<tr><td colspan="4">一周工作纪实：

遇到问题与解决办法：

进步与收获：</td></tr>
<tr><td colspan="4">企业指导教师评价(工作表现与学习态度、分析与解决问题能力、遵守纪律与规章制度等方面)

签字：　　　　年　月　日</td></tr>
<tr><td colspan="4">注：内容必须反映实习工作，要有选择性。不要写成“流水账”，要选择有意义和有价值的事情来写。重点突出、条理清晰、语言简洁、通俗易懂。</td></tr>
</table>

学生顶岗实习周记

<table>
<tr><td>实习单位</td><td></td><td>实习岗位</td><td></td></tr>
<tr><td>实习时间</td><td colspan="3">年　　月　　日至　　年　　月　　日(第　　周)</td></tr>
<tr><td colspan="4">实习内容</td></tr>
<tr><td colspan="4">一周工作纪实：

遇到问题与解决办法：

进步与收获：</td></tr>
<tr><td colspan="4">企业指导教师评价(工作表现与学习态度、分析与解决问题能力、遵守纪律与规章制度等方面)

签字：　　　　　　年　　月　　日</td></tr>
<tr><td colspan="4">注：内容必须反映实习工作，要有选择性。不要写成“流水账”，要选择有意义和有价值的事情来写。重点突出、条理清晰、语言简洁、通俗易懂。</td></tr>
</table>

学生顶岗实习周记

<table>
<tr><td>实习单位</td><td></td><td>实习岗位</td><td></td></tr>
<tr><td>实习时间</td><td colspan="3">年　月　日至　年　月　日(第　周)</td></tr>
<tr><td colspan="4">实习内容</td></tr>
<tr><td colspan="4">一周工作纪实：

遇到问题与解决办法：

进步与收获：</td></tr>
<tr><td colspan="4">企业指导教师评价(工作表现与学习态度、分析与解决问题能力、遵守纪律与规章制度等方面)

签字：　　　　年　月　日</td></tr>
<tr><td colspan="4">注：内容必须反映实习工作，要有选择性。不要写成“流水账”，要选择有意义和有价值的事情来写。重点突出、条理清晰、语言简洁、通俗易懂。</td></tr>
</table>

学生顶岗实习周记

<table>
<tr><td>实习单位</td><td></td><td>实习岗位</td><td></td></tr>
<tr><td>实习时间</td><td colspan="3">年　月　日至　年　月　日(第　周)</td></tr>
<tr><td colspan="4">实习内容</td></tr>
<tr><td colspan="4">一周工作纪实：

遇到问题与解决办法：

进步与收获：</td></tr>
<tr><td colspan="4">企业指导教师评价(工作表现与学习态度、分析与解决问题能力、遵守纪律与规章制度等方面)

签字：　　年　月　日</td></tr>
<tr><td colspan="4">注：内容必须反映实习工作，要有选择性。不要写成“流水账”，要选择有意义和有价值的事情来写。重点突出、条理清晰、语言简洁、通俗易懂。</td></tr>
</table>

学生顶岗实习周记

<table>
<tr><td>实习单位</td><td></td><td>实习岗位</td><td></td></tr>
<tr><td>实习时间</td><td colspan="3">年　　月　　日至　　年　　月　　日(第　　周)</td></tr>
<tr><td colspan="4">实习内容</td></tr>
<tr><td colspan="4">一周工作纪实：

遇到问题与解决办法：

进步与收获：</td></tr>
<tr><td colspan="4">企业指导教师评价(工作表现与学习态度、分析与解决问题能力、遵守纪律与规章制度等方面)

签字：　　　　　年　　月　　日</td></tr>
<tr><td colspan="4">注：内容必须反映实习工作，要有选择性。不要写成“流水账”，要选择有意义和有价值的事情来写。重点突出、条理清晰、语言简洁、通俗易懂。</td></tr>
</table>

学生顶岗实习周记

<table>
<tr><td>实习单位</td><td></td><td>实习岗位</td><td></td></tr>
<tr><td>实习时间</td><td colspan="3">年　月　日至　年　月　日(第　周)</td></tr>
<tr><td colspan="4">实习内容</td></tr>
<tr><td colspan="4">一周工作纪实：

遇到问题与解决办法：

进步与收获：</td></tr>
<tr><td colspan="4">企业指导教师评价(工作表现与学习态度、分析与解决问题能力、遵守纪律与规章制度等方面)

签字：　　年　月　日</td></tr>
<tr><td colspan="4">注：内容必须反映实习工作，要有选择性。不要写成“流水账”，要选择有意义和有价值的事情来写。重点突出、条理清晰、语言简洁、通俗易懂。</td></tr>
</table>

学生顶岗实习周记

<table>
<tr><td>实习单位</td><td></td><td>实习岗位</td><td></td></tr>
<tr><td>实习时间</td><td colspan="3">年　月　日至　年　月　日(第　周)</td></tr>
<tr><td colspan="4">实习内容</td></tr>
<tr><td colspan="4">一周工作纪实：

遇到问题与解决办法：

进步与收获：</td></tr>
<tr><td colspan="4">企业指导教师评价(工作表现与学习态度、分析与解决问题能力、遵守纪律与规章制度等方面)

签字：　　　　年　月　日</td></tr>
<tr><td colspan="4">注：内容必须反映实习工作，要有选择性。不要写成“流水账”，要选择有意义和有价值的事情来写。重点突出、条理清晰、语言简洁、通俗易懂。</td></tr>
</table>

学生顶岗实习周记

<table>
<tr><td>实习单位</td><td></td><td>实习岗位</td><td></td></tr>
<tr><td>实习时间</td><td colspan="3">年　月　日至　年　月　日(第　周)</td></tr>
<tr><td colspan="4">实习内容</td></tr>
<tr><td colspan="4">一周工作纪实：

遇到问题与解决办法：

进步与收获：</td></tr>
<tr><td colspan="4">企业指导教师评价(工作表现与学习态度、分析与解决问题能力、遵守纪律与规章制度等方面)

签字：　　　　年　月　日</td></tr>
<tr><td colspan="4">注：内容必须反映实习工作，要有选择性。不要写成“流水账”，要选择有意义和有价值的事情来写。重点突出、条理清晰、语言简洁、通俗易懂。</td></tr>
</table>

学生顶岗实习周记

<table>
<tr><td>实习单位</td><td></td><td>实习岗位</td><td></td></tr>
<tr><td>实习时间</td><td colspan="3">年　　月　　日至　　年　　月　　日(第　　周)</td></tr>
<tr><td colspan="4">实习内容</td></tr>
<tr><td colspan="4">一周工作纪实：

遇到问题与解决办法：

进步与收获：</td></tr>
<tr><td colspan="4">企业指导教师评价(工作表现与学习态度、分析与解决问题能力、遵守纪律与规章制度等方面)

签字：　　　　　　年　　月　　日</td></tr>
<tr><td colspan="4">注：内容必须反映实习工作，要有选择性。不要写成“流水账”，要选择有意义和有价值的事情来写。重点突出、条理清晰、语言简洁、通俗易懂。</td></tr>
</table>

学生顶岗实习周记

<table>
<tr><td>实习单位</td><td></td><td>实习岗位</td><td></td></tr>
<tr><td>实习时间</td><td colspan="3">年　　月　　日至　　年　　月　　日(第　　周)</td></tr>
<tr><td colspan="4">实习内容</td></tr>
<tr><td colspan="4">一周工作纪实：

遇到问题与解决办法：

进步与收获：</td></tr>
<tr><td colspan="4">企业指导教师评价(工作表现与学习态度、分析与解决问题能力、遵守纪律与规章制度等方面)

签字：　　　　　　年　　月　　日</td></tr>
<tr><td colspan="4">注：内容必须反映实习工作，要有选择性。不要写成“流水账”，要选择有意义和有价值的事情来写。重点突出、条理清晰、语言简洁、通俗易懂。</td></tr>
</table>

学生顶岗实习周记

<table>
<tr><td>实习单位</td><td></td><td>实习岗位</td><td></td></tr>
<tr><td>实习时间</td><td colspan="3">年　　月　　日至　　年　　月　　日(第　　周)</td></tr>
<tr><td colspan="4">实习内容</td></tr>
<tr><td colspan="4">一周工作纪实：

遇到问题与解决办法：

进步与收获：</td></tr>
<tr><td colspan="4">企业指导教师评价(工作表现与学习态度、分析与解决问题能力、遵守纪律与规章制度等方面)

签字：　　　　　　年　　月　　日</td></tr>
<tr><td colspan="4">注：内容必须反映实习工作，要有选择性。不要写成“流水账”，要选择有意义和有价值的事情来写。重点突出、条理清晰、语言简洁、通俗易懂。</td></tr>
</table>

学生顶岗实习周记

<table>
<tr><td>实习单位</td><td></td><td>实习岗位</td><td></td></tr>
<tr><td>实习时间</td><td colspan="3">年　　月　　日至　　年　　月　　日(第　　周)</td></tr>
<tr><td colspan="4">实习内容</td></tr>
<tr><td colspan="4">一周工作纪实：

遇到问题与解决办法：

进步与收获：</td></tr>
<tr><td colspan="4">企业指导教师评价(工作表现与学习态度、分析与解决问题能力、遵守纪律与规章制度等方面)

签字：　　　　　　年　　月　　日</td></tr>
<tr><td colspan="4">注：内容必须反映实习工作，要有选择性。不要写成“流水账”，要选择有意义和有价值的事情来写。重点突出、条理清晰、语言简洁、通俗易懂。</td></tr>
</table>

学生顶岗实习周记

<table>
<tr><td>实习单位</td><td></td><td>实习岗位</td><td></td></tr>
<tr><td>实习时间</td><td colspan="3">年　　月　　日至　　年　　月　　日(第　　周)</td></tr>
<tr><td colspan="4">实习内容</td></tr>
<tr><td colspan="4">一周工作纪实：

遇到问题与解决办法：

进步与收获：</td></tr>
<tr><td colspan="4">企业指导教师评价(工作表现与学习态度、分析与解决问题能力、遵守纪律与规章制度等方面)

签字：　　　　　　年　　月　　日</td></tr>
<tr><td colspan="4">注：内容必须反映实习工作，要有选择性。不要写成“流水账”，要选择有意义和有价值的事情来写。重点突出、条理清晰、语言简洁、通俗易懂。</td></tr>
</table>

学生顶岗实习周记

<table>
<tr><td>实习单位</td><td></td><td>实习岗位</td><td></td></tr>
<tr><td>实习时间</td><td colspan="3">年　月　日至　年　月　日(第　周)</td></tr>
<tr><td colspan="4">实习内容</td></tr>
<tr><td colspan="4">一周工作纪实：

遇到问题与解决办法：

进步与收获：</td></tr>
<tr><td colspan="4">企业指导教师评价(工作表现与学习态度、分析与解决问题能力、遵守纪律与规章制度等方面)

签字：　　　年　月　日</td></tr>
<tr><td colspan="4">注：内容必须反映实习工作，要有选择性。不要写成“流水账”，要选择有意义和有价值的事情来写。重点突出、条理清晰、语言简洁、通俗易懂。</td></tr>
</table>

学生顶岗实习周记

<table>
<tr><td>实习单位</td><td></td><td>实习岗位</td><td></td></tr>
<tr><td>实习时间</td><td colspan="3">年 月 日至 年 月 日(第 周)</td></tr>
<tr><td colspan="4">实习内容</td></tr>
<tr><td colspan="4">一周工作纪实：

遇到问题与解决办法：

进步与收获：</td></tr>
<tr><td colspan="4">企业指导教师评价(工作表现与学习态度、分析与解决问题能力、遵守纪律与规章制度等方面)

签字： 年 月 日</td></tr>
<tr><td colspan="4">注：内容必须反映实习工作，要有选择性。不要写成“流水账”，要选择有意义和有价值的事情来写。重点突出、条理清晰、语言简洁、通俗易懂。</td></tr>
</table>

学生顶岗实习周记

<table>
<tr><td>实习单位</td><td></td><td>实习岗位</td><td></td></tr>
<tr><td>实习时间</td><td colspan="3">年　　月　　日至　　年　　月　　日(第　　周)</td></tr>
<tr><td colspan="4">实习内容</td></tr>
<tr><td colspan="4">一周工作纪实：

遇到问题与解决办法：

进步与收获：</td></tr>
<tr><td colspan="4">企业指导教师评价(工作表现与学习态度、分析与解决问题能力、遵守纪律与规章制度等方面)

签字：　　　　　　年　　月　　日</td></tr>
<tr><td colspan="4">注：内容必须反映实习工作，要有选择性。不要写成“流水账”，要选择有意义和有价值的事情来写。重点突出、条理清晰、语言简洁、通俗易懂。</td></tr>
</table>

学生顶岗实习周记

<table>
<tr><td>实习单位</td><td></td><td>实习岗位</td><td></td></tr>
<tr><td>实习时间</td><td colspan="3">年　　月　　日至　　　年　　月　　日(第　　周)</td></tr>
<tr><td colspan="4">实习内容</td></tr>
<tr><td colspan="4">一周工作纪实：

遇到问题与解决办法：

进步与收获：</td></tr>
<tr><td colspan="4">企业指导教师评价(工作表现与学习态度、分析与解决问题能力、遵守纪律与规章制度等方面)

签字：　　　　　　　年　　月　　日</td></tr>
<tr><td colspan="4">注：内容必须反映实习工作，要有选择性。不要写成“流水账”，要选择有意义和有价值的事情来写。重点突出、条理清晰、语言简洁、通俗易懂。</td></tr>
</table>

附工作现场或有企业标志的实习照片（共3张）

要求

1. 6寸彩色照片；照片中必须出现实习学生本人图像。
2. 照片简介：在什么地方（位置、岗位、装置）、在干什么（上班、巡检、维修、操作等）。

________照 片 粘 贴 处________

________照 片 简 介________

附工作现场或有企业标志的实习照片（共3张）

要求

1.6寸彩色照片；照片中必须出现实习学生本人图像。

2.照片简介：在什么地方（位置、岗位、装置）、在干什么（上班、巡检、维修、操作等）。

__________照　片　粘　贴　处__________

__________照　片　简　介__________

附工作现场或有企业标志的实习照片（共 3 张）

要求

1.6 寸彩色照片；照片中必须出现实习学生本人图像。

2.照片简介：在什么地方(位置、岗位、装置)、在干什么(上班、巡检、维修、操作等)。

____________照 片 粘 贴 处____________

____________照 片 简 介____________

模块四 顶岗实习月度考核

合理有效的顶岗实习管理方法与手段是有效地完成顶岗实习工作，使学生顺利地走向工作岗位的关键所在。必须要加强顶岗实习的日常管理和指导工作，实习指导教师按照《顶岗实习月度考勤考核表》与《顶岗实习巡查指导工作记录》要求进行实习指导以及考核评价，以确保高职学生顶岗实习顺利进行。

项目一　学生实习月度考核

1.集中实习的学生每月由实习点学生组长负责考勤，每日记录学生考勤以及发生的各种情况，表中“考勤”项纪录该月实际发生次数。自主实习的学生由企业指导教师填写考勤。

2.每月由实习点企业指导教师统计学生工作业绩并对学生的工作表现进行等级评定，由组长及时登记。

3.每月由校内指导教师根据学生日常表现以及学生组长相关记录，对学生的日常规范给予等级评定，由组长及时登记。

4.每月由指导教师根据考勤、工作表现、工作业绩、日常表现进行月度总评。

5.每月由校内指导教师按照《顶岗实习巡查指导工作记录》要求进行巡查指导，并如实记录、总结。

6.《顶岗实习月度考核表》作为《顶岗实习鉴定表》的主要依据，总评成绩原则上按照优、良、中、及、差五个等级进行评定。

顶岗实习月度考勤考核表

实习单位(盖章)：________ 专业班级：________ 组长：________ 时间：____年____月

姓名	内容																	
	考勤					工作表现					业绩	日常表现					月度总评	备注
	迟到	早退	事假	病假	旷工	优	良	中	及	差		优	良	中	及	差		

填表人：________ 填表日期：____月____日 学校指导教师：________ 企业指导教师：________

顶岗实习月度考勤考核表

实习单位(盖章)：________ 专业班级：________ 组长：________ 时间：____年____月

姓名	内容																	
	考勤					工作表现					业绩	日常表现					月度总评	备注
	迟到	早退	事假	病假	旷工	优	良	中	及	差		优	良	中	及	差		

填表人：________ 填表日期：____月____日 学校指导教师：________ 企业指导教师：________

顶岗实习月度考勤考核表

实习单位(盖章)：__________ 专业班级：__________ 组长：__________ 时间：____年____月

姓名	内容																
	考勤					工作表现					业绩	日常表现					月度总评	备注
	迟到	早退	事假	病假	旷工	优	良	中	及	差		优	良	中	及	差		

填表人：__________ 填表日期：____月____日 学校指导教师：__________ 企业指导教师：__________

顶岗实习月度考勤考核表

实习单位(盖章)：______ 专业班级：______ 组长：______ 时间：____年____月

姓名	内容																	
	考勤					工作表现					业绩	日常表现					月度总评	备注
	迟到	早退	事假	病假	旷工	优	良	中	及	差		优	良	中	及	差		

填表人：______ 填表日期：____月____日 学校指导教师：______ 企业指导教师：______

顶岗实习月度考勤考核表

实习单位(盖章)：__________ 专业班级：__________ 组长：__________ 时间：____年____月

姓名	内容																	
	考勤					工作表现					业绩	日常表现					月度总评	备注
	迟到	早退	事假	病假	旷工	优	良	中	及	差		优	良	中	及	差		

填表人：__________ 填表日期：____月____日 学校指导教师：__________ 企业指导教师：__________

顶岗实习月度考勤考核表

实习单位(盖章)：__________ 专业班级：__________ 组长：__________ 时间：____年____月

姓名	内容																
	考勤					工作表现					业绩	日常表现					月度总评	备注
	迟到	早退	事假	病假	旷工	优	良	中	及	差		优	良	中	及	差		

填表人：__________ 填表日期：____月____日 学校指导教师：__________ 企业指导教师：__________

顶岗实习月度考勤考核表

实习单位(盖章)：__________ 专业班级：__________ 组长：__________ 时间：___年___月

姓名	内容																	
	考勤					工作表现					业绩	日常表现					月度总评	备注
	迟到	早退	事假	病假	旷工	优	良	中	及	差		优	良	中	及	差		

填表人：__________ 填表日期：_____月_____日 学校指导教师：__________ 企业指导教师：__________

顶岗实习月度考勤考核表

实习单位（盖章）：________ 专业班级：________ 组长：________ 时间：____年____月

姓名	内容																	
	考勤					工作表现					业绩	日常表现					月度总评	备注
	迟到	早退	事假	病假	旷工	优	良	中	及	差		优	良	中	及	差		

填表人：________ 填表日期：____月____日 学校指导教师：________ 企业指导教师：________

顶岗实习月度考勤考核表

实习单位(盖章)：__________ 专业班级：__________ 组长：__________ 时间：____年____月

姓名	内容																	
	考　勤					工作表现					业绩	日常表现					月度总评	备注
	迟到	早退	事假	病假	旷工	优	良	中	及	差		优	良	中	及	差		

填表人：__________ 填表日期：____月____日 学校指导教师：__________ 企业指导教师：__________

顶岗实习月度考勤考核表

实习单位(盖章)：________ 专业班级：________ 组长：________ 时间：___年___月

姓名	内容																	
	考勤					工作表现					业绩	日常表现					月度总评	备注
	迟到	早退	事假	病假	旷工	优	良	中	及	差		优	良	中	及	差		

填表人：________ 填表日期：____月____日 学校指导教师：________ 企业指导教师：________

项目二　教师实习巡查指导

为了加强顶岗实习的管理，保证顶岗实习的质量，保障学生的安全，确保顶岗实习顺利有序开展，各学校需组织校内指导教师看望实习与就业学生，并了解学生的实习、就业情况。校内指导教师需要积极与合作企业和实习学生沟通交流，解决学生实习期间遇到的一些问题和困难，并做好每次巡查的记录和手册填写工作。

校内指导老师应定时、定点到学生实习企业，通过现场指导、电话访谈、短信联系、在线交流（微信、QQ、学习通）等方式，有计划地合理安排巡查工作。

X 月顶岗实习巡查指导工作记录(案例)

日期	指导内容与解决问题	指导方式
X月X日	刚到实习企业，思想波动大，感觉环境条件差，不想在企业实习。通过QQ聊天，鼓励学生面对困难、锻炼自己，结合企业延迟焦化装置正在安装调试，抓住这个难得的学习机会，增加自己的专业技能，为将来更好的职位打下基础。学生最终安心工作。	QQ
X月X日	学生提问：硫化氢腐蚀机理及如何预防。 一般认为金属材料在含硫化氢环境中可能出现三类腐蚀：硫化物应力开裂（SSCC）、氢致开裂（HIC）和电化学腐蚀，其中SSCC危害最大。目前主要防腐蚀措施有以下5种：添加缓蚀剂、合理选择材质、使用涂镀层管材、阴极保护、防腐措施和设计，其中采用加注缓蚀剂的方法来抑制腐蚀是最经济也是最简便的方法。推荐学习材料：陈明，崔琦，硫化氢腐蚀机理和防护的研究现状及进展，石油购买年工程建设，第36卷第5期。	短信
本月实习巡查指导计划执行情况	本月度完成巡查指导任务，每生至少指导2次，个别同学达到4次。	
学生实习表现（出勤、成绩、违纪、效果）	学生本月度实习全勤，未发生违纪现象，实习效果良好。	
存在问题	学习主动性有待加强，建议多参与集体活动、增强语言交流能力。	
校内指导教师签名：XX　　X年X月X日		
院（系）领导签字：XXX　　X年X月X日		

注：校内指导教师填写；每生每2周至少指导一次。指导内容尽量具体、专业，参照课程目标要求。指导方式如电话、QQ、微信、邮件、面授、智能管理平台等。

____月顶岗实习巡查指导工作记录

日期	指导内容与解决问题	指导方式
本月实习巡查指导计划执行情况		
学生实习表现（出勤、成绩、违纪、效果）		
存在问题		
校内指导教师签名：　　年　月　日		
院（系）领导签字：　　年　月　日		

注：校内指导教师填写；每生每2周至少指导一次。指导内容尽量具体、专业，参照课程目标要求。指导方式如电话、QQ、微信、邮件、面授、智能管理平台等。

____月顶岗实习巡查指导工作记录

<table>
<tr><td>日期</td><td>指导内容与解决问题</td><td>指导方式</td></tr>
<tr><td></td><td></td><td></td></tr>
<tr><td></td><td></td><td></td></tr>
<tr><td></td><td></td><td></td></tr>
<tr><td></td><td></td><td></td></tr>
<tr><td>本月实习巡查指导计划执行情况</td><td colspan="2"></td></tr>
<tr><td>学生实习表现（出勤、成绩、违纪、效果）</td><td colspan="2"></td></tr>
<tr><td>存在问题</td><td colspan="2"></td></tr>
<tr><td colspan="3">校内指导教师签名：　　年　　月　　日</td></tr>
<tr><td colspan="3">院（系）领导签字：　　年　　月　　日</td></tr>
</table>

注：校内指导教师填写；每生每2周至少指导一次。指导内容尽量具体、专业，参照课程目标要求。指导方式如电话、QQ、微信、邮件、面授、智能管理平台等。

____月顶岗实习巡查指导工作记录

日期	指导内容与解决问题	指导方式
本月实习巡查指导计划执行情况		
学生实习表现（出勤、成绩、违纪、效果）		
存在问题		
校内指导教师签名：　　年　　月　　日		
院(系)领导签字：　　年　　月　　日		

注：校内指导教师填写；每生每2周至少指导一次。指导内容尽量具体、专业，参照课程目标要求。指导方式如电话、QQ、微信、邮件、面授、智能管理平台等。

____月顶岗实习巡查指导工作记录

日期	指导内容与解决问题	指导方式
本月实习巡查指导计划执行情况		
学生实习表现(出勤、成绩、违纪、效果)		
存在问题		
校内指导教师签名：　　年　　月　　日		
院(系)领导签字：　　年　　月　　日		

注：校内指导教师填写；每生每2周至少指导一次。指导内容尽量具体、专业，参照课程目标要求。指导方式如电话、QQ、微信、邮件、面授、智能管理平台等。

____月顶岗实习巡查指导工作记录

日期	指导内容与解决问题	指导方式
		短信
本月实习巡查指导计划执行情况		
学生实习表现（出勤、成绩、违纪、效果）		
存在问题		
校内指导教师签名：　　年　月　日		
院（系）领导签字：　　年　月　日		

注：校内指导教师填写；每生每2周至少指导一次。指导内容尽量具体、专业，参照课程目标要求。指导方式如电话、QQ、微信、邮件、面授、智能管理平台等。

____月顶岗实习巡查指导工作记录

<table>
<tr><th>日期</th><th>指导内容与解决问题</th><th>指导方式</th></tr>
<tr><td></td><td></td><td></td></tr>
<tr><td></td><td></td><td>短信</td></tr>
<tr><td></td><td></td><td></td></tr>
<tr><td></td><td></td><td></td></tr>
<tr><td>本月实习巡查指导计划执行情况</td><td colspan="2"></td></tr>
<tr><td>学生实习表现（出勤、成绩、违纪、效果）</td><td colspan="2"></td></tr>
<tr><td>存在问题</td><td colspan="2"></td></tr>
<tr><td colspan="3">校内指导教师签名：　　年　　月　　日</td></tr>
<tr><td colspan="3">院（系）领导签字：　　年　　月　　日</td></tr>
</table>

注：校内指导教师填写；每生每2周至少指导一次。指导内容尽量具体、专业，参照课程目标要求。指导方式如电话、QQ、微信、邮件、面授、智能管理平台等。

____月顶岗实习巡查指导工作记录

日期	指导内容与解决问题	指导方式
本月实习巡查指导计划执行情况		
学生实习表现(出勤、成绩、违纪、效果)		
存在问题		
校内指导教师签名： 年 月 日		
院(系)领导签字： 年 月 日		

注:校内指导教师填写;每生每2周至少指导一次。指导内容尽量具体、专业,参照课程目标要求。指导方式如电话、QQ、微信、邮件、面授、智能管理平台等。

____月顶岗实习巡查指导工作记录

日期	指导内容与解决问题	指导方式
本月实习巡查指导计划执行情况		
学生实习表现（出勤、成绩、违纪、效果）		
存在问题		
校内指导教师签名：　　年　　月　　日		
院（系）领导签字：　　年　　月　　日		

注：校内指导教师填写；每生每2周至少指导一次。指导内容尽量具体、专业，参照课程目标要求。指导方式如电话、QQ、微信、邮件、面授、智能管理平台等。

____月顶岗实习巡查指导工作记录

日期	指导内容与解决问题	指导方式
		短信
本月实习巡查指导计划执行情况		
学生实习表现（出勤、成绩、违纪、效果）		
存在问题		
校内指导教师签名：　　　年　　月　　日		
院(系)领导签字：　　　年　　月　　日		

注：校内指导教师填写；每生每2周至少指导一次。指导内容尽量具体、专业，参照课程目标要求。指导方式如电话、QQ、微信、邮件、面授、智能管理平台等。

____月顶岗实习巡查指导工作记录

日期	指导内容与解决问题	指导方式
本月实习巡查指导计划执行情况		
学生实习表现（出勤、成绩、违纪、效果）		
存在问题		
校内指导教师签名：　　年　　月　　日		
院(系)领导签字：　　年　　月　　日		

注：校内指导教师填写；每生每2周至少指导一次。指导内容尽量具体、专业，参照课程目标要求。指导方式如电话、QQ、微信、邮件、面授、智能管理平台等。

模块五 顶岗实习专业能力成长记录

顶岗实习专业能力成长记录是学生依据实习周记，结合在顶岗实习中专业技能成长的学习成就，考虑进步(或退步)表现、专业成果、工作业绩及评价结果，总结相关其他记录和资料进行综合提炼的结果。

学生到专业对口的企业顶岗实习，在化工工艺运行控制、化工生产装置操作与控制、化工设备仪表维护与保养、化工产品质量控制、化工生产技术及管理等实际生产岗位工作，掌握生产单元的基本操作技能、生产设备的基本维护技能、生产一线的基本管理技能。学生可以真正置身于现代化工生产经营运行的环境中，亲身体验现代大型化工企业的文化氛围，感受生产管理、劳动纪律、安全环保规章等方面对从业者整体素质的要求，提高化工专业技能，促其自觉形成职业所要求的综合素养。

一、填写要求

成长记录字数要求：每月不少于1500字。

写作格式：

(1)实习岗位的生产任务与工作要求。

(2)岗位所需知识技能与自身适应情况。

(3)实习过程。

(4)实习任务完成情况。

(5)所在岗位问题分析与建议。

(6)实习感受和收获。

(7)本人在职业素质和专业能力等方面需要提高的内容。

(8)落款。在正文的右下方写上学生姓名并注明年、月、日。

二、填写注意事项

(1)一分为二、实事求是。写成长记录必须从实际出发，如实地反映情况，恰当地分析自我。有什么写什么，杜绝一切虚假现象，不能故意拔高。

(2)全面评价、抓住重点。进行全面分析，做出恰如其分的评价，同时要根据工作或学习的实际，内容有所侧重，分清主次详略。

(3)条理清晰、用语准确。成长记录不只是写给自己看的,要存档,所以应做到层次清晰、一目了然,语言要准确、简明、生动。

(4)考核意见包含顶岗实习期间的专业技术水平、业务能力、工作任务完成情况、政治思想表现情况等方面内容。

三、化工专业能力说明

专业能力是指从事某种职业所特殊需要具备的知识、经验与技能。结合化工企业生产特点与要求,在顶岗实习期间,化工类学生必须达到的专业能力主要包含:

(1)具有较强的化工产品生产操作能力和化工设备维护能力(化工专业核心能力)。

(2)具有一定的工程语言表达能力和CAD绘图能力,能够识别绘制化工工艺流程图、平面布置图和主要设备结构图。

(3)具有根据化工工艺生产要求,初步选用化工中常用电器及仪表的能力。

(4)具有根据工艺要求,借助资料、手册,选择典型成型化工设备的能力。

(5)具有运用化学试验、工艺试验的基本知识和技能,正确处理实验数据和生产数据的能力及新产品开发能力。

(6)具有运用化工生产过程的集散控制技术知识及专业知识,正确处理典型化工生产过程中常见突发性事故的能力。

(7)具有查阅本专业技术资料并参与生产技术改造等能力。

(8)具有化工原材料分析化验及产品质量检测能力。

(9)具有一定的生产组织管理能力,较强的合作协调、技术洽谈能力。

(10)具有良好的安全行为习惯,具备基本的化工生产风险识别与控制能力、事故预防和处理能力。

专业能力成长记录(范例)

<table>
<tr><td>姓　名</td><td>XX</td><td>校内教师</td><td>李 XX</td><td>校外教师</td><td>XX</td></tr>
<tr><td>实习地点</td><td>XX 石化集团</td><td>实习岗位</td><td>XX</td><td>实习时间</td><td>X月X日到X月X日</td></tr>
<tr><td>专业能力成长记录(按月记录至少1500字)</td><td colspan="5">1.本月度实习岗位生产任务与基本工作要求
本月度我在 XX 石化集团常减压装置电脱盐岗位进行实习。常压蒸馏Ⅱ车间运行二班一共有六位师傅,班长一位,正岗一位,司塔一位,司泵一位,电脱盐一位,技术员一位。我跟随电脱盐的李师傅。
原油是由不同烃类化合物组成的混合物,其中还含有少量其他物质,主要是少量金属盐类、微量重金属、固体杂质及一定量的水。这些物质的存在会影响常减压装置蒸馏的平稳操作、增加常减压装置蒸馏过程中的能量消耗,从而造成设备和管道的结垢或堵塞、设备和管道腐蚀、后续加工过程催化剂中毒,影响到产品质量。因此,应在加工之前对原油进行预处理,以除去或尽量减少这些有害物质。
原油中的盐大部分溶于所含水中,故脱盐脱水是同时进行的。为了脱除悬浮在原油中的盐粒,在原油中注入一定量的新鲜水(注入量一般为 5%),充分混合,然后在破乳剂和高压电场的作用下,使微小水滴逐步聚集成较大水滴,借重力从油中沉降分离,达到脱盐脱水的目的。
2.岗位所需专业能力(知识、技能)与自身适应情况
电脱盐岗位需要我们掌握原油组成、电脱盐原理、破乳剂原理、工艺流程与参数;熟悉电脱盐的类型、主要设备、影响因素等知识点;能够在师傅指导下进行破乳剂的配制与加注、电脱盐装置正常操作、电脱盐异常问题及处理、设备操作管理、脱盐罐反冲洗操作、脱盐罐停用等工作。
我们在校期间已经开设了《石油炼制》课程,进行了原油组成等知识点的学习,也在仿真机房进行了常减压装置仿真操作。但在校所学理论与仿真操作由于掌握不扎实,在生产实践中还是存在欠缺。本月度通过自学电脱盐操作指导,重新复习《石油炼制》教材以及向师傅请教,在知识和技能方面感觉得到很大提高,能够适应生产岗位的要求。
3.本月度实习过程
李师傅本月主要安排我在现场了解和熟悉这个车间的生产流程、各流程原理及仪器装置的功能,并对石油化工行业有所了解。
通过一个月的顶岗实习,培养和提高了我理论联系实际的能力、分析问题和解决问题的能力。实习主要内容包括:
(1)安全教育。在实习开始时,由公司专业人士对我们进行了安全教育,讲解了安全问题的重要性和在实习中所要遇到的种种危险和潜在的危险等等。
(2)车间实习。在常压蒸馏Ⅱ车间运行二班进行实习,通过师傅指导、自主分析观察、小组讨论以及向车间工人和技术人员请教,圆满完成了本月规定的实习内容。
(3)理论与实际的结合。为了能够更加深入地进行车间实习,在实习过程中,我们结合所学的书本知识与实习的要求,将理论与实际进行了结合,也更加促使我们不断地进行学习与研究。
(4)实习周记。在实习中,我们将每天的工作、观察研究的结果、收集的资料和图表、所听报告内容等均进行记录,并归纳总结写进了实习周记中,随时接受指导教师的检查与批改。
4.本月度实习任务完成情况
(1)在李师傅的指导帮助下,我在这个月内已经初步熟悉了实习岗位的操作规程、控制指标和主要工艺影响因素等;实习岗位设备开停车步骤、操作要点及出现问题时处理及解决措施;实习岗位的主要仪表控制点,仪表种类、结构、特点及作用;实习岗位化工原料及产品的分析检测方法。
(2)掌握了三级安全制度和相应安全措施及注意事项;装置采用的主、副原料和辅助材料的性质、规格、质量指标,主要产品或半成品的名称、质量要求;岗位所采用的生产方法、基本原理、工艺主流程;岗位的主要设备名称、型号、规格及作用。
(3)基本完成了本月度实习任务。
5.本月度所在岗位问题分析与建议
企业为了满足催化装置对原料的要求,新建了一套加工混合原油的生产规模为 300×10^4 t/a 常压蒸馏装置。采用初馏-常压蒸馏流程,初馏塔侧线,以减轻常压炉负荷及常压塔负荷。电脱盐部分采用交直流电脱盐技术,由于混合原油中盐含量较高,采用三级脱盐脱水,以满足脱后含盐≤3mg/L 的要求。
本月度发生了脱后含盐 5mg/L 现象一次,电脱盐效果差。按照操作法我们知道电脱盐效果差与以下因素有关,需要采取相应的调节方法。</td></tr>
</table>

专业能力成长记录(按月记录至少1500字)

序号	影响因素	调节方法
1	电脱盐温度过低或过高	调节原油脱盐温度在60～80℃
2	电压偏低或偏高	联系电工调整合适的电压
3	破乳剂量、浓度、温度及注入量或型号变化	调节破乳剂操作:加温、提量或换型号
4	原油性质变化	尽量强化操作条件
5	注水量不足	维持注水量在3%～6%,视具体情况适当提高
6	混合阀压降变化	调节混合阀压降在0.02～0.08MPa
7	原油流量、压力波动	调稳原油流量、压力
8	脱盐罐油水界位变化	控制好界位,加强脱水
9	设备故障	停止送电,联系处理,必要时切除脱盐罐
10	原油性质太差	合理调配原料

通过我们分析、查找,发现二级电压只有18kV,其他指标正常。电脱盐操作条件工艺指标要求控制在13～25kV,实际在22kV左右档位上运行,运行电流在25～30A。因此初步断定电脱盐效果差是由于电压偏低引起的。我们联系电工调整到合适的电压,问题解决。

通过对这个事情的分析,我们建议增强第二级电脱盐的脱水脱盐效果,进一步提高第二级电脱盐变压器档位。根据电场力公式,相邻微小水滴的聚积力与电场强度的平方成正比。因此可进一步提高第二级电脱盐设备的电压,增加高压电场对细小水滴施加的电聚积力,促进更小水滴的聚积、沉降和分离。

6.本月度实习感受和收获

在指导教师的悉心关照下,圆满完成了本月度顶岗实习任务。李师傅毫不保留的指导,使我们的实习生活非常充实,收获无数;实习小组成员之间积极的讨论,互相支持与配合,互相体谅与关心,让我的实习生活和业余生活都多了一些人性的关怀与温馨的感动。

我们跟师傅学习了电脱盐岗位的相关知识,掌握了电脱盐的原理与工艺,熟悉了设备与操作规程。闲暇之际又轮串了其他车间,同时我们还有机会锻炼自己,给其他组的同学们讲解自己所在车间的概况。我们在自己的车间中,通过请教技术员与师傅、自己研究、与小组成员讨论等方式,对常压蒸馏Ⅱ车间有了深入了解,同时也对《化工原理》《石油炼制》《化工设备使用与维护》《化工仪表使用与维护》《化工腐蚀与防护》等课堂上所学的书本知识有了更加实际的理解,把书本上的知识主动地应用到实际生产当中去,学习到了不少实际生产知识;也认识到了书本上所学的知识和实际生产是有差距的。

7.本人在职业素质和专业能力等方面需要提高的内容

这个月顶岗实习工作的磨炼,培养了我良好的工作作风和埋头苦干的求实精神,树立了强烈的责任心、高度的责任感和团队精神。生产实践让我学会脱离浮躁和不切实际,心理上更加成熟坚定。为下一步实习工作做好充分准备。在今后的工作中,我将继承和发扬自己的优势,学习改进不足,加强化工产品生产操作能力和化工设备维护能力,适应企业发展要求,努力把自己的工作做得更好!

短短的4周时间,我就学到了许多知识。在这里我要感谢我们学院的领导老师们的精心安排,感谢车间里的工程师技术员的耐心指导,感谢同组的同学给予的帮助。

通过这次实习,让我对炼油装置有了更加全面的了解,为日后的实际工作打下了基础,同时使我更加热爱石油化工这个行业,在今后的日子里,我会更加努力地学习专业知识,为我国的石化事业贡献自己的力量。

本人签名:XX　　　　X年X月X日

<table>
<tr><td rowspan="2">指导教师意见</td><td>校外指导教师：
该同学本月表现突出，勤于思考；在师傅引导下，结合操作事故处理过程，分析了问题产生的原因，并提出了合理化建议；是一个有思想、有前途的优秀学生。
签字：李 XX　　X 年 X 月 X 日</td></tr>
<tr><td>校内指导教师：
该生工作认真，善于抓住问题进行深入分析，能够将所学理论与生产实践相结合，提出自己的建议，说明该生实习成效明显。
签字：XX　　X 年 X 月 X 日</td></tr>
<tr><td>实习单位意见</td><td>同意对 XX 同学的评价意见。
签字（盖章）：XX　　X 年 X 月 X 日</td></tr>
<tr><td>考核小组意见</td><td>组长签字：　　年　月　日</td></tr>
<tr><td>学院意见</td><td>签字（盖章）：　　年　月　日</td></tr>
</table>

注：每月实习完成后，由学生本人按月详细填写相关信息。考核意见包含顶岗实习期间的专业技术水平、业务能力、工作任务完成情况、政治思想表现情况等方面内容。

专业能力成长记录

姓　名		校内教师		校外教师	
实习地点		实习岗位		实习时间	
专业能力成长记录(按月记录至少1500字)	1.本月度实习岗位生产任务与基本工作要求 2.岗位所需专业能力(知识、技能)与自身适应情况				

专业能力成长记录(按月记录至少1500字)	3.本月度实习过程 4.本月度实习任务完成情况

专业能力成长记录(按月记录至少1500字)	5. 本月度所在岗位问题分析与建议

专业能力成长记录(按月记录至少1500字)	6.本月度实习感受和收获 7.本人在职业素质和专业能力等方面需要提高的内容

<table>
<tr><td>专业能力成长记录(按月记录至少1500字)</td><td colspan="2">

本人签名：　　　　年　　月　　日</td></tr>
<tr><td rowspan="2">指导教师意见</td><td>校外指导教师：

签字：　　　　年　　月　　日</td></tr>
<tr><td>校内指导教师：

签字：　　　　年　　月　　日</td></tr>
<tr><td>实习单位意见</td><td>
签字(盖章)：　　　　年　　月　　日</td></tr>
<tr><td>考核小组意见</td><td>
组长签字：　　　　年　　月　　日</td></tr>
<tr><td>学院意见</td><td>
签字(盖章)：　　　　年　　月　　日</td></tr>
</table>

注：每月实习完成后，由学生本人按月详细填写相关信息。考核意见包含顶岗实习期间的专业技术水平、业务能力、工作任务完成情况、政治思想表现情况等方面内容。

专业能力成长记录

姓　名		校内教师		校外教师	
实习地点		实习岗位		实习时间	
专业能力成长记录(按月记录至少1500字)	1.本月度实习岗位生产任务与基本工作要求 2.岗位所需专业能力(知识、技能)与自身适应情况				

<table>
<tr><td rowspan="2">专业能力成长记录(按月记录至少1500字)</td><td>3.本月度实习过程</td></tr>
<tr><td>4.本月度实习任务完成情况</td></tr>
</table>

专业能力成长记录(按月记录至少1500字)	5. 本月度所在岗位问题分析与建议

专业能力成长记录(按月记录至少1500字)	6.本月度实习感受和收获 7.本人在职业素质和专业能力等方面需要提高的内容

<table>
<tr><td>专业能力成长记录(按月记录至少1500字)</td><td colspan="2">本人签名：　　　年　月　日</td></tr>
<tr><td rowspan="2">指导教师意见</td><td colspan="2">校外指导教师：

签字：　　　年　月　日</td></tr>
<tr><td colspan="2">校内指导教师：

签字：　　　年　月　日</td></tr>
<tr><td>实习单位意见</td><td colspan="2">签字(盖章)：　　　年　月　日</td></tr>
<tr><td>考核小组意见</td><td colspan="2">组长签字：　　　年　月　日</td></tr>
<tr><td>学院意见</td><td colspan="2">签字(盖章)：　　　年　月　日</td></tr>
</table>

注：每月实习完成后，由学生本人按月详细填写相关信息。考核意见包含顶岗实习期间的专业技术水平、业务能力、工作任务完成情况、政治思想表现情况等方面内容。

专业能力成长记录

<table>
<tr><td>姓　名</td><td></td><td>校内教师</td><td></td><td>校外教师</td><td></td></tr>
<tr><td>实习地点</td><td></td><td>实习岗位</td><td></td><td>实习时间</td><td></td></tr>
<tr><td>专业能力成长记录(按月记录至少1500字)</td><td colspan="5">1. 本月度实习岗位生产任务与基本工作要求

2. 岗位所需专业能力(知识、技能)与自身适应情况</td></tr>
</table>

专业能力成长记录(按月记录至少1500字)	3.本月度实习过程 4.本月度实习任务完成情况

专业能力成长记录(按月记录至少1500字)	5.本月度所在岗位问题分析与建议

<table>
<tr><td rowspan="2">专业能力成长记录(按月记录至少1500字)</td><td>6.本月度实习感受和收获</td></tr>
<tr><td>7.本人在职业素质和专业能力等方面需要提高的内容</td></tr>
</table>

<table>
<tr><td>专业能力成长记录(按月记录至少1500字)</td><td colspan="2">

本人签名：　　　　年　　月　　日</td></tr>
<tr><td rowspan="2">指导教师意见</td><td colspan="2">校外指导教师：

签字：　　　　年　　月　　日</td></tr>
<tr><td colspan="2">校内指导教师：

签字：　　　　年　　月　　日</td></tr>
<tr><td>实习单位意见</td><td colspan="2">
签字(盖章)：　　　　年　　月　　日</td></tr>
<tr><td>考核小组意见</td><td colspan="2">
组长签字：　　　　年　　月　　日</td></tr>
<tr><td>学院意见</td><td colspan="2">
签字(盖章)：　　　　年　　月　　日</td></tr>
</table>

注：每月实习完成后，由学生本人按月详细填写相关信息。考核意见包含顶岗实习期间的专业技术水平、业务能力、工作任务完成情况、政治思想表现情况等方面内容。

专业能力成长记录

姓　名		校内教师		校外教师	
实习地点		实习岗位		实习时间	
专业能力成长记录(按月记录至少1500字)	1.本月度实习岗位生产任务与基本工作要求 2.岗位所需专业能力(知识、技能)与自身适应情况				

专业能力成长记录(按月记录至少1500字)	3.本月度实习过程 4.本月度实习任务完成情况

专业能力成长记录(按月记录至少1500字)	5. 本月度所在岗位问题分析与建议

专业能力成长记录(按月记录至少1500字)	6.本月度实习感受和收获 7.本人在职业素质和专业能力等方面需要提高的内容

专业能力成长记录(按月记录至少1500字)	本人签名：　　　年　月　日
指导教师意见	校外指导教师： 签字：　　　年　月　日
	校内指导教师： 签字：　　　年　月　日
实习单位意见	签字(盖章)：　　　年　月　日
考核小组意见	组长签字：　　　年　月　日
学院意见	签字(盖章)：　　　年　月　日

注：每月实习完成后，由学生本人按月详细填写相关信息。考核意见包含顶岗实习期间的专业技术水平、业务能力、工作任务完成情况、政治思想表现情况等方面内容。

专业能力成长记录

姓　名		校内教师		校外教师	
实习地点		实习岗位		实习时间	
专业能力成长记录(按月记录至少1500字)	1.本月度实习岗位生产任务与基本工作要求 2.岗位所需专业能力(知识、技能)与自身适应情况				

专业能力成长记录(按月记录至少1500字)	3.本月度实习过程 4.本月度实习任务完成情况

专业能力成长记录(按月记录至少1500字)	5.本月度所在岗位问题分析与建议

专业能力成长记录(按月记录至少1500字)	6. 本月度实习感受和收获 7. 本人在职业素质和专业能力等方面需要提高的内容

<table>
<tr><td>专业能力成长记录(按月记录至少1500字)</td><td>本人签名：　　　年　　月　　日</td></tr>
<tr><td rowspan="2">指导教师意见</td><td>校外指导教师：
签字：　　　年　　月　　日</td></tr>
<tr><td>校内指导教师：
签字：　　　年　　月　　日</td></tr>
<tr><td>实习单位意见</td><td>签字(盖章)：　　　年　　月　　日</td></tr>
<tr><td>考核小组意见</td><td>组长签字：　　　年　　月　　日</td></tr>
<tr><td>学院意见</td><td>签字(盖章)：　　　年　　月　　日</td></tr>
</table>

注：每月实习完成后，由学生本人按月详细填写相关信息。考核意见包含顶岗实习期间的专业技术水平、业务能力、工作任务完成情况、政治思想表现情况等方面内容。

专业能力成长记录

<table>
<tr><td>姓　名</td><td></td><td>校内教师</td><td></td><td>校外教师</td><td></td></tr>
<tr><td>实习地点</td><td></td><td>实习岗位</td><td></td><td>实习时间</td><td></td></tr>
<tr><td>专业能力成长记录(按月记录至少1500字)</td><td colspan="5">1.本月度实习岗位生产任务与基本工作要求

2.岗位所需专业能力(知识、技能)与自身适应情况</td></tr>
</table>

专业能力成长记录(按月记录至少1500字)	3.本月度实习过程 4.本月度实习任务完成情况

<table>
<tr><td>专业能力成长记录(按月记录至少1500字)</td><td>5.本月度所在岗位问题分析与建议</td></tr>
</table>

<table>
<tr><td rowspan="2">专业能力成长记录(按月记录至少1500字)</td><td>6.本月度实习感受和收获</td></tr>
<tr><td>7.本人在职业素质和专业能力等方面需要提高的内容</td></tr>
</table>

专业能力成长记录(按月记录至少1500字)	本人签名： 年 月 日
指导教师意见	校外指导教师： 签字： 年 月 日
	校内指导教师： 签字： 年 月 日
实习单位意见	签字(盖章)： 年 月 日
考核小组意见	组长签字： 年 月 日
学院意见	签字(盖章)： 年 月 日

注：每月实习完成后，由学生本人按月详细填写相关信息。考核意见包含顶岗实习期间的专业技术水平、业务能力、工作任务完成情况、政治思想表现情况等方面内容。

专业能力成长记录

姓　名		校内教师		校外教师	
实习地点		实习岗位		实习时间	
专业能力成长记录(按月记录至少1500字)	1.本月度实习岗位生产任务与基本工作要求 2.岗位所需专业能力(知识、技能)与自身适应情况				

<table>
<tr><td rowspan="2">专业能力成长记录(按月记录至少1500字)</td><td>3.本月度实习过程</td></tr>
<tr><td>4.本月度实习任务完成情况</td></tr>
</table>

专业能力成长记录(按月记录至少1500字)	5. 本月度所在岗位问题分析与建议

专业能力成长记录（按月记录至少1500字）	6.本月度实习感受和收获 7.本人在职业素质和专业能力等方面需要提高的内容

<table>
<tr><td>专业能力成长记录(按月记录至少1500字)</td><td>

本人签名：　　　年　　月　　日</td></tr>
<tr><td rowspan="2">指导教师意见</td><td>校外指导教师：

签字：　　　年　　月　　日</td></tr>
<tr><td>校内指导教师：

签字：　　　年　　月　　日</td></tr>
<tr><td>实习单位意见</td><td>
签字(盖章)：　　　年　　月　　日</td></tr>
<tr><td>考核小组意见</td><td>
组长签字：　　　年　　月　　日</td></tr>
<tr><td>学院意见</td><td>
签字(盖章)：　　　年　　月　　日</td></tr>
</table>

注：每月实习完成后，由学生本人按月详细填写相关信息。考核意见包含顶岗实习期间的专业技术水平、业务能力、工作任务完成情况、政治思想表现情况等方面内容。

专业能力成长记录

<table>
<tr><td>姓　名</td><td></td><td>校内教师</td><td></td><td>校外教师</td><td></td></tr>
<tr><td>实习地点</td><td></td><td>实习岗位</td><td></td><td>实习时间</td><td></td></tr>
<tr><td>专业能力成长记录(按月记录至少1500字)</td><td colspan="5">1.本月度实习岗位生产任务与基本工作要求

2.岗位所需专业能力(知识、技能)与自身适应情况</td></tr>
</table>

专业能力成长记录(按月记录至少1500字)	3.本月度实习过程 4.本月度实习任务完成情况

专业能力成长记录(按月记录至少1500字)	5.本月度所在岗位问题分析与建议

专业能力成长记录(按月记录至少1500字)	6.本月度实习感受和收获 7.本人在职业素质和专业能力等方面需要提高的内容

<table>
<tr><td>专业能力成长记录(按月记录至少1500字)</td><td colspan="2">

本人签名：　　　　年　　月　　日</td></tr>
<tr><td rowspan="2">指导教师意见</td><td colspan="2">校外指导教师：

签字：　　　　年　　月　　日</td></tr>
<tr><td colspan="2">校内指导教师：

签字：　　　　年　　月　　日</td></tr>
<tr><td>实习单位意见</td><td colspan="2">

签字(盖章)：　　　　年　　月　　日</td></tr>
<tr><td>考核小组意见</td><td colspan="2">

组长签字：　　　　年　　月　　日</td></tr>
<tr><td>学院意见</td><td colspan="2">

签字(盖章)：　　　　年　　月　　日</td></tr>
</table>

注：每月实习完成后，由学生本人按月详细填写相关信息。考核意见包含顶岗实习期间的专业技术水平、业务能力、工作任务完成情况、政治思想表现情况等方面内容。

专业能力成长记录

姓　名		校内教师		校外教师	
实习地点		实习岗位		实习时间	
专业能力成长记录(按月记录至少1500字)	1. 本月度实习岗位生产任务与基本工作要求 2. 岗位所需专业能力(知识、技能)与自身适应情况				

<table>
<tr><td rowspan="1">专业能力成长记录(按月记录至少1500字)</td><td>3.本月度实习过程

4.本月度实习任务完成情况</td></tr>
</table>

专业能力成长记录(按月记录至少1500字)	5. 本月度所在岗位问题分析与建议

<table>
<tr><td rowspan="2">专业能力成长记录(按月记录至少1500字)</td><td>6. 本月度实习感受和收获</td></tr>
<tr><td>7. 本人在职业素质和专业能力等方面需要提高的内容</td></tr>
</table>

<table>
<tr><td>专业能力成长记录(按月记录至少1500字)</td><td colspan="2">本人签名：　　年　月　日</td></tr>
<tr><td rowspan="2">指导教师意见</td><td colspan="2">校外指导教师：
签字：　　年　月　日</td></tr>
<tr><td colspan="2">校内指导教师：
签字：　　年　月　日</td></tr>
<tr><td>实习单位意见</td><td colspan="2">签字(盖章)：　　年　月　日</td></tr>
<tr><td>考核小组意见</td><td colspan="2">组长签字：　　年　月　日</td></tr>
<tr><td>学院意见</td><td colspan="2">签字(盖章)：　　年　月　日</td></tr>
</table>

注：每月实习完成后，由学生本人按月详细填写相关信息。考核意见包含顶岗实习期间的专业技术水平、业务能力、工作任务完成情况、政治思想表现情况等方面内容。

专业能力成长记录

<table>
<tr><td>姓　名</td><td></td><td>校内教师</td><td></td><td>校外教师</td><td></td></tr>
<tr><td>实习地点</td><td></td><td>实习岗位</td><td></td><td>实习时间</td><td></td></tr>
<tr><td>专业能力成长记录(按月记录至少1500字)</td><td colspan="5">1. 本月度实习岗位生产任务与基本工作要求

2. 岗位所需专业能力(知识、技能)与自身适应情况</td></tr>
</table>

专业能力成长记录(按月记录至少1500字)	3.本月度实习过程 4.本月度实习任务完成情况

专业能力成长记录(按月记录至少1500字)	5. 本月度所在岗位问题分析与建议

专业能力成长记录(按月记录至少1500字)	6.本月度实习感受和收获 7.本人在职业素质和专业能力等方面需要提高的内容

<table>
<tr><td>专业能力成长记录(按月记录至少1500字)</td><td>本人签名：　　　　年　　月　　日</td></tr>
<tr><td rowspan="2">指导教师意见</td><td>校外指导教师：
签字：　　　　年　　月　　日</td></tr>
<tr><td>校内指导教师：
签字：　　　　年　　月　　日</td></tr>
<tr><td>实习单位意见</td><td>签字(盖章)：　　　　年　　月　　日</td></tr>
<tr><td>考核小组意见</td><td>组长签字：　　　　年　　月　　日</td></tr>
<tr><td>学院意见</td><td>签字(盖章)：　　　　年　　月　　日</td></tr>
</table>

注：每月实习完成后，由学生本人按月详细填写相关信息。考核意见包含顶岗实习期间的专业技术水平、业务能力、工作任务完成情况、政治思想表现情况等方面内容。

模块六 实习总结与考核评价

学生在顶岗实习期间接受学校和企业的双重指导，校企双方对学生的实习过程进行控制和考核，实行校企双方实习鉴定与成绩评定制度。

学生顶岗实习单独作一门成绩计，由三部分组成：企业指导教师对学生的鉴定，占总成绩的40%；学校指导教师对学生的评定，占总成绩的30%；答辩小组对学生进行实习答辩，占总成绩的30%。

学生的顶岗实习可以在不同单位或同一单位不同部门或岗位进行，实习单位均要分别对学生在每一部门或岗位的学习态度、遵守劳动纪律、分析问题与解决问题的能力、工作质量做出客观鉴定。

学生必须在规定的时间内完成全部实习任务，并按照要求完成实习记录、实习周记、考核考勤表、专业成长能力记录及实习单位盖章认可的实习鉴定、申请表等，方可取得实习评定资格。

项目一　实习总结

实习鉴定是学生顶岗实习过程的全面总结，是表述其实习成果、代表其专业综合水平的重要资料，是学生顶岗实习过程、体会、收获的全面反映。

实习单位对学生顶岗实习鉴定与成绩评定要求在实习结束前完成，先由学生针对自己的学习态度、遵守劳动纪律、分析问题与解决问题的能力等内容认真做好实习总结与自我鉴定，填写《学生顶岗实习考核表》，再由实习单位指导老师签署鉴定意见和评定成绩并盖实习单位公章。

指导教师根据学生在实习中对基本技能的理解和掌握程度、学生实习周记、实习报告，实习中的纪律表现情况、企业指导教师意见和实习单位出具的鉴定综合评定实习成绩。评定成绩合格后才能进行顶岗实习答辩。

实习自我鉴定要求：

内容要求思路清晰，合乎逻辑，用语简洁准确、明快流畅；内容务求客观、科学、完备，要尽量用事实和数据说话。凡是用简要的文字能够讲清楚的内容，应用文字陈述。用文字不容易说明白或说起来比较繁琐的，应用表或图来陈述。

实习自我鉴定是实习过程的总体结论，主要回答“得到了什么”；是顶岗实习成果的归纳和总结，同时，也包括对整个实习过程的感想。撰写总结时应注意：明确、精练、完整、准确、措辞严密，不含糊其词；结论要一分为二，一方面包括实习成果（得），另一方面就是值得改进的地方（失）。

学生顶岗实习考核表

<table>
<tr><td rowspan="8">学
生
填
写</td><td colspan="6">学生姓名：　　分院：　　专业班级：</td></tr>
<tr><td>顶岗实习单位</td><td colspan="2"></td><td>实习岗位</td><td colspan="2"></td></tr>
<tr><td colspan="6">顶岗工作时间：　　年　　月　　日至　　年　　月　　日</td></tr>
<tr><td colspan="2">校内指导教师</td><td colspan="2">企业指导教师1</td><td colspan="2">企业指导教师2</td></tr>
<tr><td>姓名</td><td>职称</td><td>姓名</td><td>职务</td><td>姓名</td><td>职务</td></tr>
<tr><td></td><td></td><td></td><td></td><td></td><td></td></tr>
<tr><td colspan="6">顶岗实习自我鉴定总结</td></tr>
<tr><td colspan="6">1.实习的基本概况(时间、地点、人员、活动安排等)</td></tr>
</table>

学生填写	2. 实习岗位、实习内容、实习过程（300字）

学生填写	3.实习感受(侧重实际动手能力和岗位技能、职业素养的培养、锻炼和提高) (1)成绩与收获(300字)

学生填写	(2)问题与不足(300字，主要是自己所学的专业理论与实践的差距、职业素养需要加强的方面)

学生填写	4.对策与建议(200字,针对自己存在的问题与不足,下一步怎么办) 5.结束语(对整个实习活动进行归纳和综合而得到的收获和感悟)

<table>
<tr><td>学
生
填
写</td><td>6.谢辞(对给予帮助的指导教师和其他人员表示谢意)

学生签名:</td></tr>
<tr><td>企
业
指
导
教
师
填
写</td><td>实习单位对学生培养的希望和建议:

单位盖章

年　月　日</td></tr>
</table>

<table>
<tr><td rowspan="12">企业指导教师填写</td><td colspan="5">实习企业鉴定</td></tr>
<tr><td>遵章守纪</td><td>A. 好</td><td>B. 良好</td><td>C. 一般</td><td>D. 较差</td></tr>
<tr><td>工作态度</td><td>A. 认真</td><td>B. 较认真</td><td>C. 一般</td><td>D. 较差</td></tr>
<tr><td>专业理论</td><td>A. 强</td><td>B. 较强</td><td>C. 一般</td><td>D. 较差</td></tr>
<tr><td>专业技能</td><td>A. 强</td><td>B. 较强</td><td>C. 一般</td><td>D. 较差</td></tr>
<tr><td>敬业精神</td><td>A. 好</td><td>B. 良好</td><td>C. 一般</td><td>D. 较差</td></tr>
<tr><td>创新意识</td><td>A. 强</td><td>B. 较强</td><td>C. 一般</td><td>D. 较差</td></tr>
<tr><td>安全环保</td><td>A. 好</td><td>B. 良好</td><td>C. 一般</td><td>D. 较差</td></tr>
<tr><td>团队融合</td><td>A. 好</td><td>B. 良好</td><td>C. 一般</td><td>D. 较差</td></tr>
<tr><td>工作效果</td><td>A. 好</td><td>B. 良好</td><td>C. 一般</td><td>D. 较差</td></tr>
<tr><td>成绩评定等级</td><td colspan="4">优(　) 良(　) 中(　) 及格(　) 不及格(　)</td></tr>
<tr><td colspan="5">评语：

企业指导教师签名：　　　　年　月　日</td></tr>
<tr><td rowspan="4">学院指导教师填写</td><td>平时表现</td><td colspan="4">优(　) 良(　) 中(　) 及格(　) 不及格(　)</td></tr>
<tr><td>实习周记</td><td colspan="4">优(　) 良(　) 中(　) 及格(　) 不及格(　)</td></tr>
<tr><td>成长记录</td><td colspan="4">优(　) 良(　) 中(　) 及格(　) 不及格(　)</td></tr>
<tr><td colspan="5">评语：

指导教师签名：　　　　所在分院(系部)盖章

年　月　日</td></tr>
<tr><td></td><td>综合成绩等级</td><td colspan="4">优(　)良(　)中(　)及格(　)不及格(　)</td></tr>
</table>

注：学生填写部分完成后，由企业指导教师填写实习企业鉴定部分。考核意见包含顶岗实习期间的专业技术水平、业务能力、工作任务完成情况、政治思想表现情况等方面内容。

项目二　毕业生顶岗实习答辩

化工专业学生进行顶岗实习，必须满足《化工顶岗实习课程标准》要求，能够熟练掌握所在岗位的生产技术理论和生产操作技能，养成良好的职业素养。

在技术理论知识方面，要懂得实习所在岗位的生产过程、工艺流程、反应原理、工艺指标及主要设备的结构、材质、性能和基本原理，并懂得与本岗位有关的机器、电气仪表、分析等方面的一般知识和化工计算。在技能方面，要求能熟练掌握实习所在岗位的正常操作和正常开停车，学会实习所在岗位的一般操作，能迅速准确地判断和及时正确地处理本岗位常见事故，能对本岗位的设备进行维护保养和一般修理。

在实习过程中，要贯彻理论联系实际的原则，注重职业素养的提升，把所学的理论知识运用到生产实践中去。这样，既可以在掌握生产技能的过程中，加深理解和巩固所学过的理论知识，又能逐步提高分析问题和解决问题的能力，提高安全生产意识，培养严肃认真、爱岗敬业的工作态度，建立良好的人际关系，发展创新思维和团队合作精神。

一、学生答辩注意事项

(1)每个学生汇报 10 分钟，答辩 5 分钟。

(2)按照要求准备好顶岗实习指导书。

(3)档案袋一个，要求填写好专业、班级、姓名、学号。

(4)学生按照班级或实习单位分组。

二、答辩程序

时间 10～15 分钟。

(1)学生进入答辩室并自我介绍，教师观察其言行进行评价。

(2)学生介绍实习单位情况、实习岗位及主要职责、实习体会、通过实习有哪些方面进步。教师根据回答情况结合观察其言行进行评价。

(3)教师提问 4～5 个问题，专业问题与职业素养问题(沟通、礼仪、团队等)方面。

(4)学生回答，教师根据回答情况结合观察其言行进行评价。

三、顶岗实习答辩评分要求

结合顶岗实习指导书、学生专业能力成长记录以及答辩过程由答辩小组给出成绩。成绩采用优、良、中、及格、不及格五级计分制，分别对应百分制的 95、80、70、60、45 分，以下同。

1. 顶岗实习指导书评分标准

(1)实习表现包括：职业道德、执行制度、遵守纪律情况、实习工作态度、专业业务能力、工作实绩。

结合考勤与日常表现进行评判。

(2)《学生顶岗实习鉴定表》的成绩评定标准

直接以用人单位的考核成绩作为最终成绩。

(3)学生顶岗实习周记与成长记录评分参考标准

优:及时认真总结、有深度,态度端正、填写完整规范符合要求、数量够,且按规定和指导教师联系沟通,无虚造。

良:认真总结、填写完整规范符合要求、态度端正,数量够,且按规定和指导教师联系沟通,无虚造。

中:总结比较认真、填写比较完整基本符合要求,数量够,且基本按规定和指导教师联系沟通,无虚造。

及格:总结不够认真,但填写比较完整基本符合要求,周记所缺数量小于或等于5篇,基本按规定和指导教师联系沟通,无虚造。

有以下情况之一者,顶岗实习周记、成长记录判为不及格:周记所缺数量大于5篇或成长记录所缺数量大于1篇;总结敷衍,不符合要求;基本不与校内指导教师和辅导员(班主任)沟通,汇报实习情况;虚造汇报情况。

2. 答辩过程评分

结合学生专业能力成长记录与答辩过程的语言组织能力、礼仪、逻辑思维、实习体会、培训效果等方面综合评价,并按照要求给出答辩成绩和评价意见。

四、答辩分组

答辩小组成员一般由3~5名校内指导教师和企业指导教师组成,各小组按照统一要求组织答辩,依据成绩评定表要求给出答辩成绩和评价意见。

五、参考题目

1. 介绍一下你实习的单位情况?
2. 你实习的岗位主要职责是什么?
3. 你在实习中主要进行哪些工作?有何感受?
4. 你实习车间(工段)流程是什么?
5. 实习中最难忘的一件事?最高兴的是什么?最痛苦的是什么?
6. 实习单位领导、师傅的哪些地方令你受到震动?
7. 你对企业提出了哪些合理化建议?被采纳多少?
8. 你感觉实习过程中哪些知识、技能需要在学校加强?
9. 通过实习,你哪一方面的能力得到提升?
10. 实习中,你接触到哪些仪表?DCS是什么?主要功能是什么?
11. 实习中,你接触到哪些设备?换热器、输送设备有哪些,起什么作用?
12. 你接触的化学原料有毒吗?如有毒该如何防范?
13. 入厂教育中,安全教育包含哪些内容?你如何看待安全?
14. 工厂生产需要团队合作,你如何理解?
15. 如果你与其他同事发生冲突,如何处理?
16. 如果你与另一同事完成同样工作,领导认为你干得不如你同事,你如何处理?
17. 你熟悉实习单位的企业文化吗?是什么?
18. 你知道实习单位的安全应急预案吗?简要描述一下。
19. 你在实习中,有哪些专业能力方面的提高?有何体会?

20.你认为在职业核心能力方面有何进步？举例说明？

21.通过顶岗实习，你认为在校期间哪些课程对你帮助最大？

22.你对母校在专业人才培养上有什么建议？

23.你所在的实习岗位主要反应原理是什么？如何控制反应条件？

24.《化工单元操作》课程中涉及流体输送、物料分离等问题，举例说明在生产中应用到哪些知识与技能？

25.企业有哪些特种设备？怎样进行安全管理？

26.举例说明企业如何进行节能减耗？

27.企业安全环保压力非常大，如何对在校生进行安全环保教育？

28.你对在校的师弟、师妹有何建议？

顶岗实习答辩申请书

<table>
<tr><td>姓　名</td><td></td><td>专业班级</td><td colspan="2"></td><td>学　号</td><td></td></tr>
<tr><td>实习单位</td><td colspan="2"></td><td colspan="2">实习岗位</td><td colspan="2"></td></tr>
<tr><td>指导教师</td><td></td><td colspan="2"></td><td></td><td>班主任</td><td></td></tr>
<tr><td>实习情况自述</td><td colspan="6">（知识学习、能力提升、遵章守纪、安全环保、团队融合、创新意识等方面）

签字　　　　　　　　　年　月　　日</td></tr>
<tr><td>企业指导教师意见</td><td colspan="6">
签字　　　　　　　　　年　月　　日</td></tr>
<tr><td>实习单位意见</td><td colspan="6">
签字（盖章）　　　　　年　月　　日</td></tr>
<tr><td>学校指导教师意见</td><td colspan="6">
签字　　　　　　　　　年　月　　日</td></tr>
<tr><td>答辩小组意见</td><td colspan="6">
签字　　　　　　　　　年　月　　日</td></tr>
<tr><td>学院意见</td><td colspan="6">
签字（盖章）　　　　　年　月　　日</td></tr>
</table>

顶岗实习答辩记录表

<table>
<tr><td>姓　名</td><td></td><td>专业/班级</td><td></td></tr>
<tr><td>实习企业</td><td></td><td>工作岗位</td><td></td></tr>
<tr><td>起止时间</td><td></td><td>答辩时间/地点</td><td></td></tr>
<tr><td>实习期间主要工作业绩</td><td colspan="3"></td></tr>
<tr><td>实习期间遇见主要问题与解决情况</td><td colspan="3"></td></tr>
<tr><td colspan="4">提问一</td></tr>
<tr><td colspan="4">提问二</td></tr>
<tr><td colspan="4">提问三</td></tr>
<tr><td colspan="4">提问四</td></tr>
<tr><td colspan="4">提问五</td></tr>
<tr><td colspan="4">实习企业和专业相关性：强(　　)　　一般(　　)　　无关(　　)</td></tr>
</table>

成绩评定表

学生姓名		实习岗位			
自述时间	答辩时间	答辩小组 教师签名			
______分钟	______分钟				

答辩考核内容	满分为 100 分其中					评语随记
实习环节完整、书写认真，材料内容符合规定	优	良	中	及格	不及格	
简明和正确地阐述顶岗实习主要内容，能够联系生产实践，思路清晰，论点正确	优	良	中	及格	不及格	
回答问题准确、深入，有自己的见解，应变能力较强	优	良	中	及格	不及格	
语言表达能力	优	良	中	及格	不及格	
职业核心能力(仪表得体、端正大方、有礼貌等)	优	良	中	及格	不及格	
答辩成绩	优(　　)　良(　　)　中(　　) 及格(　　)　不及格(　　)					

<table>
<tr><td colspan="3">答辩小组评价意见：

组长：　　　　年　月　日</td></tr>
<tr><td rowspan="5">顶岗实习
总成绩</td><td>企业指导教师</td><td>优（　）良（　）中（　）及格（　）不及格（　）</td></tr>
<tr><td>校内指导教师</td><td>优（　）良（　）中（　）及格（　）不及格（　）</td></tr>
<tr><td>答辩成绩</td><td>优（　）良（　）中（　）及格（　）不及格（　）</td></tr>
<tr><td>总成绩</td><td>优（　）良（　）中（　）及格（　）不及格（　）</td></tr>
<tr><td colspan="2">考核小组意见：

考核组长：　　　　年　月　日</td></tr>
<tr><td colspan="3">学院意见：

年　月　日</td></tr>
</table>

注：1. 此表由答辩小组填写，在给定的分数档次下填写分数。

2. 实习总成绩＝实习单位指导教师评价×40%＋校内指导教师评价×30%（考勤与平时表现＋实习周记＋专业能力成长记录）＋答辩成绩×30%。由考核小组结合上述组成要求给出成绩。最后学院进行审核。

附录

附录一　职业学校学生实习管理规定

第一章　总则

第一条　为规范和加强职业学校学生实习工作，维护学生、学校和实习单位的合法权益，提高技术技能人才培养质量，增强学生社会责任感、创新精神和实践能力，更好服务产业转型升级需要，依据《中华人民共和国教育法》《中华人民共和国职业教育法》《中华人民共和国劳动法》《中华人民共和国安全生产法》《中华人民共和国未成年人保护法》《中华人民共和国职业病防治法》及相关法律法规、规章，制定本规定。

第二条　本规定所指职业学校学生实习，是指实时全日制学历教育的中等职业学校和高等职业学校学生(以下简称职业学校)按照专业培养目标要求和人才培养方案安排，由职业学校安排或者经职业学校批准自行到企(事)业等单位(以下简称实习单位)进行专业技能培养的实践性教育教学活动，包括认识实习、跟岗实习和顶岗实习等形式。

认识实习是指学生由职业学校组织到实习单位参观、观摩和体验，形成对实习单位和相关岗位的初步认识的活动。

跟岗实习是指不具有独立操作能力、不能完全适应实习岗位要求的学生，由职业学校组织到实习单位的相应岗位，在专业人员指导下部分参与实际辅助工作的活动。

顶岗实习是指初步具备实践岗位独立工作能力的学生，到相应实习岗位，相对独立参与实际工作的活动。

第三条　职业学校学生实习是实现职业教育培养目标，增强学生综合能力的基本环节，是教育教学的核心部分，应当科学组织、依法实施，遵循学生成长规律和职业能力形成规律，保护学生合法权益；应当坚持理论与实践相结合，强化校企协同育人，将职业精神养成教育贯穿学生实习全过程，促进职业技能与职业精神高度融合，服务学生全面发展，提高技术技能人才培养质量和就业创业能力。

第四条　地方各级人民政府相关部门应高度重视职业学校学生实习工作，切实承担责任，结合本地实际制定具体措施鼓励企(事)业等单位接收职业学校学生实习。

第二章　实习组织

第五条　教育行政部门负责统筹指导职业学校学生实习工作；职业学校主管部门负责职业学校实习的监督管理。职业学校应将学生跟岗实习、顶岗实习情况报主管部门备案。

第六条　职业学校应当选择合法经营、管理规范、实习设备完备、符合安全生产法律法规要求的实习单位安排学生实习。在确定实习单位前，职业学校应进行实地考察评估并形成书面报告，考查内容应包括：单位资质、诚信状况、管理水平、实习岗位性质和内容、工作时间、工作环境、生活环境以及健康保障、安全防护等方面。

第七条　职业学校应当会同实习单位共同组织实施学生实习。

实习开始前，职业学校应当根据专业人才培养方案，与实习单位共同制订实习计划，明确实习目标、实习任务、必要的实习准备、考核标准等；并开展培训，使学生了解各实习阶段的学习目标、任务和考核标准。

职业学校和实习单位应当分别选派经验丰富、业务素质好、责任心强、安全防范意识高的实习指导教师和专门人员全程指导、共同管理学生实习。

实习岗位应符合专业培养目标要求，与学生所学专业对口或相近。

第八条　学生经本人申请，职业学校同意，可以自行选择顶岗实习单位。对自行选择顶岗实习单位的学生，实习单位应安排专门人员指导学生实习，学生所在职业学校要安排实习指导教师跟踪了解实习情况。

认识实习、跟岗实习由职业学校安排，学生不得自行选择。

第九条　实习单位应当合理确定顶岗实习学生占在岗人数的比例，顶岗实习学生的人数不超过实习单位在岗职工总数的10%，在具体岗位顶岗实习的学生人数不高于同类岗位在岗职工总人数的20%。

任何单位或部门不得干预职业学校正常安排和实施实习计划，不得强制职业学校安排学生到指定单位实习。

第十条　学生在实习单位的实习时间根据专业人才培养方案确定，顶岗实习一般为6个月。支持鼓励职业学校和实习单位合作探索工学交替、多学期、分段式等多种形式的实践性教学改革。

第三章　实习管理

第十一条　职业学校应当会同实习单位制定学生实习工作具体管理办法和安全管理规定、实习学生安全及突发事件应急预案等制度性文件。

职业学校应对实习工作和学生实习过程进行监管。鼓励有条件的职业学校充分运用现代信息技术，构建实习信息化管理平台，与实习单位共同加强实习过程管理。

第十二条　学生参加跟岗实习、顶岗实习前，职业学校、实习单位、学生三方应签订实习协议。协议文本由当事方各执一份。

未按规定签订实习协议的，不得安排学生实习。

认识实习按照一般校外活动有关规定进行管理。

第十三条　实习协议应明确各方的责任、权利和义务，协议约定的内容不得违反相关法律法规。

实习协议应包括但不限于以下内容：

（一）各方基本信息；

（二）实习的时间、地点、内容、要求与条件保障；

（三）实习期间的食宿和休假安排；

（四）实习期间劳动保护和劳动安全、卫生、职业病危害防护条件；

（五）责任保险与伤亡事故处理办法，对不属于保险赔付范围或者超出保险赔付额度部分的约定责任；

（六）实习考核方式；

（七）违约责任；

（八）其他事项。

顶岗实习的实习协议内容还应当包括实习报酬及支付方式。

第十四条　未满18周岁的学生参加跟岗实习、顶岗实习，应取得学生监护人签字的知情同意书。

学生自行选择实习单位的顶岗实习，学生应在实习前将实习协议提交所在职业学校，未满18周岁学生还需要提交监护人签字的知情同意书。

第十五条　职业学校和实习单位要依法保障实习学生的基本权利，并不得有下列情形：

（一）安排、接收一年级在校学生顶岗实习；

（二）安排未满16周岁的学生跟岗实习、顶岗实习；

（三）安排未成年学生从事《未成年工特殊保护规定》中禁忌从事的劳动；

（四）安排实习的女学生从事《女职工劳动保护特别规定》中禁忌从事的劳动；

（五）安排学生到酒吧、夜总会、歌厅、洗浴中心等营业性娱乐场所实习；

（六）通过中介机构或有偿代理组织、安排和管理学生实习工作。

第十六条　除相关专业和实习岗位有特殊要求，并报上级主管部门备案的实习安排外，学生跟岗和顶岗实习期间，实习单位应遵守国家关于工作时间和休息休假的规定，并不得有以下情形：

（一）安排学生从事高空、井下、放射性、有毒、易燃易爆，以及其他具有较高安全风险的实习；

（二）安排学生在法定节假日实习；

（三）安排学生加班和夜班。

第十七条　接收学生顶岗实习的实习单位，应参考本单位相同岗位的报酬标准和顶岗实习学生的工作量、工作强度、工作时间等因素，合理确定顶岗实习报酬，原则上不低于本单位相同岗位试用期工资标准的80%，并按照实习协议约定，以货币形式及时、足额支付给学生。

第十八条　实习单位因接收学生实习所实际发生的与取得收入有关的、合理的支出，按现行税收法律规定在计算应纳税所得额时扣除。

第十九条　职业学校和实习单位不得相学生收取实习押金、顶岗实习报酬提成、管理费或者其他形式的实习费用，不得扣押学生的居民身份证，不得要求学生提供担保或者以其他名义收取学生财物。

第二十条　实习学生应遵守职业学校的实习要求和实习单位的规章制度、实习纪律及实习协议，爱护实习单位设施设备，完成规定的实习任务，撰写实习日志，并在实习结束时提交实习报告。

第二十一条　职业学校要和实习单位相配合,建立学生实习信息通报制度,在学生实习全过程中,加强安全生产、职业道德、职业精神等方面的教育。

第二十二条　职业学校安排的实习指导教师和实习单位指定的专人应负责学生实习期间的业务指导和日常巡视工作,定期检查并向职业学校和实习单位报告学生实习情况,及时处理实习中出现的有关问题,并做好记录。

第二十三条　职业学校组织学生到外地实习,应当安排学生统一住宿;具备条件的实习单位应为实习学生提供统一住宿。职业学校和实习单位要建立实习学生住宿制度和请销假制度。学生申请在统一安排的宿舍以外住宿的,须经学生监护人签字同意,由职业学校备案后方可办理。

第二十四条　鼓励职业学校依法组织学生赴国(境)外实习,安排学生赴国(境)外实习的,应当根据需要通过国家驻外有关机构了解实习环境、实习单位和实习内容等情况,必要时可派人实地考察。要选派指导教师全程参与,做好实习期间的管理和相关服务工作。

第二十五条　鼓励各地职业学校主管部门建立学生实习综合服务平台,协调相关职能部门、行业企业、有关社会组织,为学生实习提供信息服务。

第二十六条　对违反本规定组织学生实习的职业学校,由职业学校主管部门责令改正。拒不改正的,对直接负责的主管人员和其他直接负责人依照有关规定给予处分。因工作失误造成重大事故的,应依法依规对相关责任人追究责任。

对违反本规定中相关条款和违反实习协议的实习单位,职业学校可根据情况调整实习安排,并根据实习协议要求单位承担相关责任。

第二十七条　对违反本规定安排、介绍或者接收未满16周岁学生跟岗实习、顶岗实习的,由人力资源社会保障行政部门依照《禁止使用童工规定》进行查处;构成犯罪的,依法追究刑事责任。

第四章　实习考核

第二十八条　职业学校要建立以育人为目标的实习考核评价制度,学生跟岗实习和顶岗实习,职业学校要会同实习单位根据学生实习岗位职责要求制订具体考核方式和标准,实施考核工作。

第二十九条　跟岗实习和顶岗实习的考核结果应当记入实习学生学业成绩,考核结果分优秀、良好、合格和不合格四个等次,考核合格以上等次的学生获得学分,并纳入学籍档案。实习考核不合格者,不予毕业。

第三十条　职业学校应当会同实习单位对违反规章制度、实习纪律以及实习协议的学生,进行批评教育。学生违规情节严重的,经双方研究后,由职业学校给予纪律处分;给实习单位造成财产损失的,应当依法予以赔偿。

第三十一条　职业学校应组织做好学生实习情况的立卷归档工作。实习材料包括:(1)实习协议;(2)实习计划;(3)学生实习报告;(4)学生实习考核结果;(5)实习日志;(6)实习检查记录等;(7)实习总结。

第五章　安全职责

第三十二条　职业学校和实习单位要确立安全第一的原则，严格执行国家及地方安全生产和职业卫生有关规定。职业学校主管部门应会同相关部门加强实习安全监督检查。

第三十三条　实习单位应当健全本单位生产安全责任制，执行相关安全生产标准，健全安全生产规章制度和操作规程，制订生产安全事故应急救援预案，配备必要的安全保障器材和劳动防护用品，加强对实习学生的安全生产教育培训和管理，保障学生实习期间的人身安全和健康。

第三十四条　实习单位应当会同职业学校对实习学生进行安全防护知识、岗位操作规程教育和培训并进行考核。未经教育培训和未通过考核的学生不得参加实习。

第三十五条　推动建立学生实习强制保险制度。职业学校和实习单位应根据国家有关规定，为实习学生投保实习责任保险。责任保险范围应覆盖实习活动的全过程，包括学生实习期间遭受意外事故及由于被保险人疏忽或过失导致的学生人身伤亡，被保险人依法应承担的责任，以及相关法律费用等。

学生实习责任保险的经费可从职业学校学费中列支；免除学费的可从免学费补助资金中列支，不得向学生另行收取或从学生实习报酬中抵扣。职业学校与实习单位达成协议由实习单位支付投保经费的，实习单位支付的学生实习责任保险费可从实习单位成本(费用)中列支。

第三十六条　学生在实习期间受到人身伤害，属于实习责任保险赔付范围的，由承保保险公司按保险合同赔付标准进行赔付。不属于保险赔付范围或者超出保险赔付额度的部分，由实习单位、职业学校及学生按照实习协议约定承担责任。职业学校和实习单位应当妥善做好救治和善后工作。

第六章　附则

第三十七条　各省、自治区、直辖市教育行政部门应会同人力资源社会保障等相关部门依据本规定，结合本地区实际制定实施细则或相应的管理制度。

第三十八条　非全日制职业教育、高中后中等职业教育学生实习参照本规定执行。

第三十九条　本规定自发布之日起施行，《中等职业学校学生实习管理办法》(教职成[2007]4号)同时废止。

附录二　化工企业安全生产禁令

生产厂区十四个不准：

一、加强明火管理，厂区内不准吸烟。

二、生产区内，不准未成年人进入。

三、上班时间，不准睡觉、干私活、离岗和干与生产无关的事。

四、在班前、班上不准喝酒。

五、不准使用汽油等易燃液体擦洗设备、用具和衣物。

六、不按规定穿戴劳动保护用品，不准进入生产岗位。

七、安全装置不齐全的设备不准使用。

八、不是自己分管的设备、工具不准动用。

九、检修设备时安全措施不落实,不准开始检修。

十、停机检修后的设备,未经彻底检查,不准启用。

十一、未办高处作业证,不系安全带,脚手架、跳板不牢,不准登高作业。

十二、石棉瓦上不固定好跳板,不准作业。

十三、未安装触电保安器的移动式电动工具,不准使用。

十四、未取得安全作业证的职工,不准独立作业;特殊工种职工,未经取证,不准作业。

操作工的六严格:

一、严格执行交接班制。

二、严格进行巡回检查。

三、严格控制工艺指标。

四、严格执行操作法(票)。

五、严格遵守劳动纪律。

六、严格执行安全规定。

动火作业六大禁令:

一、动火证未经批准,禁止动火。

二、不与生产系统可靠隔绝,禁止动火。

三、不清洗,置换不合格,禁止动火。

四、不消除周围易燃物,禁止动火。

五、不按时做动火分析,禁止动火。

六、没有消防措施,禁止动火。

进入容器、设备的八个必须:

一、必须申请、办证,并得到批准。

二、必须进行安全隔绝。

三、必须切断动力电,并使用安全灯具。

四、必须进行置换、通风。

五、必须按时间要求进行安全分析。

六、必须佩戴规定的防护用具。

七、必须有人在器外监护,并坚守岗位。

八、必须有抢救后备措施。

机动车辆七大禁令:

一、严禁无证、无令开车。

二、严禁酒后开车。

三、严禁超速行车和空挡溜车。

四、严禁带病行车。

五、严禁人货混载行车。

六、严禁超标装载行车。

七、严禁无阻火器车辆进入禁火区。

附录三　毕业生跟踪调查表

毕业生跟踪调查表

亲爱的同学：

您好！为促进母校的教学改革、专业建设和毕业生就业，更好地培养适应社会需求的人才，学院广泛征求我院毕业生对所学专业教学工作和学生管理等各方面的看法和意见，您对母校的反馈意见将成为学院改革的重要依据，请您抽出宝贵时间来填写此表，谢谢您的合作！在此，也热忱邀请您常回学校看看！

本问卷为无记名形式，请您如实填写

<table>
<tr><td>专业</td><td></td><td>就业时间</td><td></td><td>工作岗位</td><td></td></tr>
<tr><td>工作单位</td><td colspan="2"></td><td>单位联系方式</td><td colspan="2"></td></tr>
<tr><td>单位性质</td><td colspan="5">请用√选择其中一项：□国有企业　□事业单位　□民营企业　□合资企业
□外资企业　□教育单位　□其他______</td></tr>
<tr><td>岗位性质</td><td colspan="5">请用√选择其中一项：□单位负责人　□部门主管　□项目经理　□秘书或助理
□财务 □基层技术、管理或营销人员　□生产一线　□其他______</td></tr>
</table>

一、个人基本情况

1. 您目前的薪酬(月总收入)：________

①5000 元以上　②3000～5000 元　③2000～3000 元　④1000～2000 元　⑤1000 元以下

2. 您初进入本单位的薪酬(月总收入)：________

①3000 元以上　②2000～3000 元　③1000～2000 元　④1000 元以下

3. 您毕业后更换单位的情况：________

①没有更换过单位　②更换一次　③更换两次　④更换三次及以上

4. 您目前所从事的工作与您所学专业：________

①完全对口　②比较对口　③联系密切　④不太对口　⑤不对口

5. 您目前的工作单位是通过哪种途径获得的？________

①学院招聘会　②院、系或老师推荐　③个人自荐　④亲朋介绍

⑤同学介绍　⑥网上求职　⑦招聘广告　⑧其他途径________

6. 您在校期间获得的证书有(可多选)：________，对您意义最大的是：________

①国家计算机等级证　②英语四六级证书　③公共英语等级证

④本专业职业技能等级证　⑤驾驶证　⑥其他________

7. 结合工作实际，您认为自己能适应工作主要依靠(可多选)：________

①过硬的专业实践技能　②较强的组织管理能力　③吃苦耐劳和刻苦钻研的精神

④宽广的知识面　⑤独特的创新能力　⑥广泛的人际关系　⑦其他________

8. 您在学校所学专业知识在工作中的运用情况为________

①运用很多　②运用较多　③一般　④运用较少　⑤基本上不用

9. 您现在在单位中与同事的人际关系状况为________

①非常好　②比较好　③一般　④跟个别同事有矛盾　⑤与许多同事有矛盾

10. 您参加工作后感觉的工作压力________

①很大　②比较大　③一般　④比较小　⑤很小

11. 您参加工作后感觉自己哪种能力或素质最欠缺？________

①专业实践技能　②社会活动能力　③创新能力　④人际交往能力

⑤协作精神　⑥组织管理能力　⑦心理素质　⑧其他________

12. 您是否有跳槽的想法？________

①经常有　②有时有　③不知道　④不常有　⑤从未有过

13. 您感觉自己现在的工作能力和技能与毕业前相比________

①进步很大　②进步较大　③有进步　④进步较小　⑤没有进步

14. 您认为自己在工作中受单位的重视程度为________

①很重视　②比较重视　③不太重视　④不重视　⑤很不重视

15. 您认为自己在大学期间所学专业的实践环节________

①非常充足　②比较充足　③不太充足　④比较缺乏　⑤很缺乏

16. 您在校期间课外活动中所培养的特长与您毕业后的发展的关系________

①非常密切　②比较密切　③不知道　④基本没有关系　⑤完全没有关系

二、您对学院教学工作的评价

1. 您认为您所学的专业：________

①非常符合市场需求　②符合市场需求　③基本符合市场需求　④不符合市场需求

2. 您认为所学专业的课程开设：________

①非常合理　②合理　③基本合理　④不合理，还需要开设________。

3. 您认为所学专业的实践教学安排：________

①很好　②比较好　③一般　④存在不少问题，如：________

4. 您认为我院的学习风气：________

①很好　②比较好　③一般　④不太好

5. 您认为通过学校的培养，自己对所学专业的基础知识和基本技能掌握得：________

①很好　②较好　③一般　④不好　⑤很不好

6. 您认为学校在专业能力培养方面哪些需要加强？________

① 化工产品生产操作能力和化工设备维护能力（化工专业核心能力）

② 工程语言表达能力和CAD绘图能力，识别绘制化工工艺流程图、平面布置图和主要设备结构图

③ 根据化工工艺生产要求，初步选用化工中常用电器及仪表的能力

④ 根据工艺要求，借助资料、手册，选择典型成型化工设备的能力

⑤ 运用化学试验、工艺试验的基本知识和技能，正确处理实验数据和生产数据的能力及新产品开发能力

⑥ 运用化工生产过程的集散控制技术知识及专业知识，正确处理典型化工生产过程中常见突发性事故的能力

⑦ 查阅本专业技术资料并参与生产技术改造等能力

⑧ 化工原材料分析化验及产品质量检测能力

⑨ 一定的生产组织管理能力，较强的合作协调、技术洽谈能力

7. 您认为学校在职业核心能力培养方面哪些需要加强？（在下面划线表示）

① 基础核心能力：职业沟通、团队合作、自我管理

② 拓展核心能力：解决问题、信息处理、创新创业

③ 延伸核心能力：领导力、执行力、个人与团队管理、礼仪训练、心理平衡等

三、对学院管理工作的评价

1. 您认为自己在校期间哪些方面素质有所提高并对您的工作有帮助：________

①专业实践技能　②社会活动能力　③组织管理能力　④人际交往能力

⑤外语能力　⑥计算机应用能力　⑦心理素质　⑧自学能力　⑨其他________

2. 您认为在校大学生还应掌握哪些必要知识，注意培养哪些能力，具备哪些素质？

3. 您对母校在教学和管理方面有何其他意见和建议？

再次感谢您对母校工作的支持！祝您工作顺利，事业有成！

附录四　石油化工类专业人才需求调查问卷

石油化工类专业人才需求调查问卷

尊敬的先生/女士：

您好！为了解目前企业对石油化工类人才的需求状况和高职院校人才培养存在的问题，为今后我院学生培养方向、教学改革提供相关依据，我们希望您能协助填写这份调查表。在此，我们郑重承诺，调查结果仅供研究使用，没有其他任何商业用途。非常感谢您的支持！

1. 基本信息

贵单位全称：

贵单位所属行业性质：

您是否担任过公司的招聘面试官：

2. 贵单位对化工人才的主要学历层次要求：（　　）

A. 中专　　B. 专科（高职）　　C. 本科　　D. 研究生以上

3. 贵单位人才的主要来源：（　　）

A. 从学校招有专业基础的学生

B. 本单位原有员工进行培训

C. 社会招聘有经验的从业人员

D. 社会招聘人员边工作边学

4. 单位对从学校招聘的人才满意度：（　　）

A. 很满意　　B. 比较满意　　C. 一般

D. 不满意　　E. 非常不满意

5. 贵单位更看重毕业生的哪些经历[可多选]？（　　）

A. 专业实习经历　　B. 校内经历（担任学生干部）　　C. 技能培训

D. 社会实践经历　　E. 课余兼职　　F. 其他

6. 贵单位认为高校毕业生哪种素质或能力对于企业的发展更重要[可多选]？（　　）

A. 思想道德素质　　B. 团队协作意识　　C. 组织管理能力

D. 人际沟通能力　　E. 技术创新能力　　F. 实际操作能力

G. 其他（请注明）：________

7. 贵单位对学生持有各种职业资格证书的态度是：（　　）

A. 十分认同　　B. 必备条件但不是最重要的　　C. 无所谓

D. 同等条件下优先考虑

8. 贵单位是否曾招聘过我院化工类毕业生：（　　）

A. 是　　B. 否

9. 贵单位平均每年会在________月引进________名化工类毕业生。

贵单位需要的工作岗位有：____

____。

10. 您认为我国目前的化工类人才培养质量与社会需求之间:(　　)

A. 相当大　　B. 较大差距　　C. 基本符合

D. 比较符合　　E. 非常符合

11. 您认为化工类毕业生的专业知识背景对就业或工作的影响:(　　)

A. 非常大　　B. 比较大　　C. 一般

D. 比较小　　E. 非常小

12. 贵单位认为我院化工类的毕业生在工作岗位上是:(　　)

A. 都能胜任　　B. 大多数能胜任　　C. 半数能胜任

D. 少数能胜任　　E. 极少数能胜任

13. 贵单位认为目前化工类毕业生在实际岗位中突出的问题有[最少选择 3 项]:(　　)

A. 基础知识薄弱　　B. 技术知识不扎实　　C. 技术知识面窄

D. 缺乏行业特点的专业背景知识　　E. 不充分了解相关行业的知识

F. 所学专业知识与实际的工作需要脱节　　G. 实践能力差

H. 其他________

14. 贵单位认为目前我院化工类毕业生在以下方面的表现:

项目	非常强	较强	一般	较差	非常差
理论基础和专业知识					
专业技能运用能力					
组织管理能力					
团队合作能力					
计算机运用能力					
创新能力					
学习能力					
英语应用能力					
沟通交际能力					
语言文字表达能力					

15. 贵单位认为我院化工类学生的培养主要应加强哪些方面[可多选]?(　　)

A. 实践教学　　B. 加强组织协调能力培养　　C. 加强应用技能培养

D. 加强学习能力培养　　E. 培养吃苦耐劳、积极进取的职业精神

F. 调整专业课程设置

16. 贵单位认为学校在专业能力培养方面哪些需要加强?________________

① 化工产品生产操作能力和化工设备维护能力

② 工程语言表达能力和 CAD 绘图能力,识别绘制化工工艺流程图、平面布置图和主要设备结构图

③ 根据化工工艺生产要求,初步选用化工中常用电器及仪表的能力

④ 根据工艺要求,借助资料、手册,选择典型成型化工设备的能力

⑤ 运用化学试验、工艺试验的基本知识和技能,正确处理实验数据和生产数据的能力及

新产品开发能力

⑥ 运用化工生产过程的集散控制技术知识及专业知识，正确处理典型化工生产过程中常见突发性事故的能力

⑦ 查阅本专业技术资料并参与生产技术改造等能力

⑧ 化工原材料分析化验及产品质量检测能力

⑨ 一定的生产组织管理能力，较强的合作协调、技术洽谈能力

17. 您认为学校在职业核心能力培养方面哪些需要加强？（可在下面划线表示）

① 基础核心能力：职业沟通、团队合作、自我管理

② 拓展核心能力：解决问题、信息处理、创新创业

③ 延伸核心能力：领导力、执行力、个人与团队管理、礼仪训练、心理平衡等

18. 您对于我院化工类专业建设的意见和建议：

再次感谢您对我校工作的支持！祝您工作顺利，事业有成！

参考文献

[1] 李强.顶岗实习指导.北京:人民日报出版社,2014.

[2] 展浩.新编化工机械启动运行与日常操作及故障检测维修技术手册.北京:中国化工电子出版社,2005.

[3] 傅敏,何辉.顶岗实习手册.北京:中国建筑工业出版社,2014.